里院的楼

青岛游艺里的保护与再生

慕启鹏 著

中国建筑工业出版社

图书在版编目（CIP）数据

里院的楼：青岛游艺里的保护与再生 / 慕启鹏著 . — 北京：中国建筑工业出版社，2018.4

ISBN 978-7-112-21824-0

Ⅰ.①里… Ⅱ.①慕… Ⅲ.①民居 — 建筑艺术—研究—青岛 Ⅳ.① TU241.5

中国版本图书馆 CIP 数据核字（2018）第 030416 号

责任编辑：徐 冉 何 楠
责任校对：芦欣甜

里院的楼
青岛游艺里的保护与再生
慕启鹏 著

*

中国建筑工业出版社出版、发行（北京海淀三里河路9号）
各地新华书店、建筑书店经销
北京京点图文设计有限公司制版
北京富诚彩色印刷有限公司印刷

*

开本：889×1194毫米 1/20 印张：7⅕ 插页：1 字数：180千字
2018年5月第一版 2018年5月第一次印刷
定价：78.00元

ISBN 978-7-112-21824-0
（31674）

前言

进入 2017 年青岛市从下到上忽然都开始为里院下一步的发展积极寻求思路起来。在民间以里院为主题的各类人文历史讲座和摄影、绘画的展览也一下子多了起来。10 月 7 日的《青岛晚报》用了整整五个版面专门报道了青岛里院保护的最新动态。从最有名的“广兴里”要被改造成里院博物馆，到百度地图 10 月 20 号在青岛市城乡规划协学会组织的里院保护论坛上发布了青岛里院地图的搜索功能，再到 12 月 15 日 72 处里院被列入青岛市第三批历史保护建筑。一年间各种报道层出不穷，关于里院的话题沸沸扬扬。如果这一切不是昙花一现，或许多年后回想起来，2017 年还能被算作是青岛里院再生的元年吧。

青岛的里院与北京的胡同、上海的里弄一样是当地最原始也最具代表性的城市居住形态。前十年伴随着快速的城市建设，大量里院被夷为平地。2016 年初青岛市启动新一轮棚户区改造，大批的里院建筑仍被列入其中。只不过与之前不同的是，新一轮的征收在响应国家保护传统文化和历史遗产精神的号召下，将对征收后的里院采取保护和再利用的模式加以对待。这样的理念虽然有助于城市历史遗产的保护，但同时也对城市管理者提出了一个新的课题，那就是该如何保护？以往的里院研究大多是对历史的向后看，以及对社会人文的左右环顾，缺少从遗产保护的角度来为未来发展提出建议的向前看。遗产的保护与经济的发展如何能够做到协调共生？这不仅是青岛一座城市的课题，更是今天中国许多城市共同面临的发展难题。

2015 年山东建筑大学建筑城规学院在建筑学专业下开设了山东省内的第一个历史建筑遗产保护设计的本科培养方向。该方向从四年级开始招生，所以我们的学生只有一年的时间在学校接受系统的遗产保护教育，但是因为在此之前学生都已经得到了良好的建筑学基础训练，我们对大四这一年的教学计划做了精心的设计和安排。上学期是历史街区的研究和活化设计，下学期则是从上学期的基地中选择一处历史建筑或院落来做建筑研究和保护设计。与新建类设计不同，遗产保护需要在严谨的调查基础之上，先提出价值分析，再明确保护原则和策略，最后才是保护方案设计。为了能够让学生在较短的时间内掌握更多关于遗产保护的基础知识和工作方法，我们尽可能地将工作切分成小体量的具体任务，目的就是为了让负责的小组在方案前期做到具有一定研究性的深度。这套教学思路几乎是照搬了柏林工业大学遗产保护研究生培养体系，用一年的时间让学生从大到小系统地针对一个对象完成整套的保护设计。其中对调研的要求也是源自德语国家在历史建筑保护教育中的 Bauforschung 研究体系。Bau 是德语建筑物的统称，Forschung 则是研究的意思。Bauforschung 顾名思义就是建筑研究，也有人将其翻译为建筑考古。因为其最早是作为建筑史研究中文献史料研究之外的辅助研究，即通过对建筑物本体的仔细考察来佐证历史。发展到后来慢慢主要运用到历史建筑遗产的保护工作中来了。严格的建筑研究应该建立在精确测绘基础之上的，包括对建筑自身的历史演变、建筑设计、建筑结构、建筑材料、建筑年代所做的全方位拼图式调查，目的是为了尽可能清楚地了解所要研究和保护的对象的现状。但受到时间、经费和能力及其他客观条件的限制，我们对游艺里的研究并未达到上述要求的深度。好在这实为一次教学任务，而非真正的科学研究，重要的是要教授学生解决问题的思路和方法，所以在最终成果内容上的不足还请读者见谅。

遗产保护方向自开办之初我们就将教学和研究的目光放到了青岛里院的历史街区上。三年来，我带领了三届学生完成了四处里院片区的城市空间和建筑的遗产现状和价值调研以及保护与再生设计研究。虽然我们的工作还有很多错误和不足，但是成果自行印刷成册后，受到了包括学院、青岛市城市规划展览馆、青岛市城乡规划协学会、青岛市市北区民间艺术家协会在内的多方关注和鼓励。

《里院的楼：青岛游艺里的保护与再生》是我们最新完成的成果之一，也是受到好评最多的一本小册子。研究对象是青岛市南区一处很小的里院——游艺里（大沽路 4 号）。提起游艺里，可能青岛人并不熟悉，可是要提起院子里的九龙餐厅那可真是大名鼎鼎了。自从有了像大众点评这类的城市旅游攻略软件，饭点儿时九龙餐厅的门口永远都是排着长长的队伍。较为遗憾的是，在青岛市刚刚公布的第三批历史建筑名录社会征集稿中，虽然已包含了 72 处里院建筑，但是却没有游艺里的名字。本书分为两大部分：第一部分为调研篇，主要包括对游艺里的历史、现状、遗产价值、保护原则等问题的系统调查和研究，并尝试提出合理的价值分析和保护策略；第二部分为方案篇，主要内容就是在第一部分的基础上做出相应的方案设计。

本书的主要参与者是 2013 级遗产班的陈蔚、刘文静和黄龙辰三位同学，他们为了更加全面细致地完成调研，多次往返于济南、青岛之间查阅资料、测绘、取样和采访。没有他们努力认真的工作，这本小册子的成书是不可能的。同班的宋金志同学负责了该书后期的内容整理和排版工作。

最后，这本书能够顺利出版还要特别感谢学院的大力支持和中国建筑工业出版社徐冉和何楠两位编辑的热情协助。

慕启鹏

2017 年 12 月 19 日

于山东建筑大学建筑城规学院 501 工作室

目录

二、方案篇

2.1 方案设计

一、调研篇

unicef

1.1 历史研究

1.1.1 历史沿革

1.1.1.1 中山路整体

德国占领时期 （1897 ～ 1914 年）		日本第一次占领时期 （1914 ～ 1922 年）	
	道路约 10 米宽，以商业建筑为主，建有瑞蚨祥、谦祥益等享有盛誉的老字号，建筑质量较欧人区低，为 1 ～ 3 层砖木结构。 一层开店铺，楼上是住宅，建筑沿地块建设，有封闭的内院，沿街建筑立面多仿照德式建筑的细部，如四分圆券洞口上加线脚装饰、主入口两侧做壁柱、檐口正中高起山花等，多出自中国工匠之手，这段时间街道两旁没有植树	 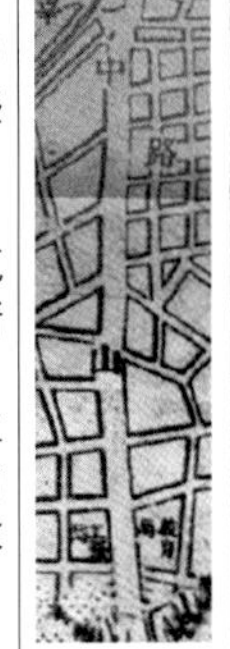	建筑的总数远多于德占时期，但只有为数不多的公共建筑质量较高，大部分建筑质量较低，明显地反映出日本人意在掠夺的本性。 日本人开辟了新的商业区——聊城路与临清路，以及中山路周围的道路，北到馆陶路和堂邑路，城市中心进一步扩大了。这时期中山路仍是商业中心，它的业态从一个商业街增加到包括影院、戏院、歌舞厅、美容院等在内的娱乐中心
北洋、国民政府时期 （1922 ～ 1937 年）		**日本二次占领与国民政府二次统治时期 （1937 ～ 1949 年）**	
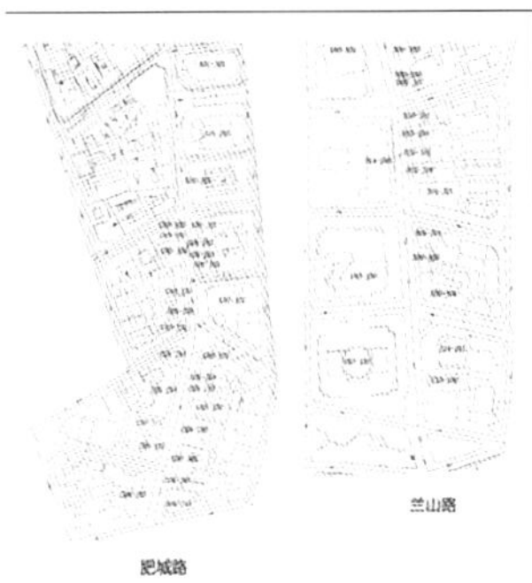	这时期青岛远离战火，步入相对稳定的发展阶段。“城市中居榜首的建筑活动是住宅建设，而独院式住宅在住宅建设中占大多数。”青岛中山路作为商业中心的地位渐渐凸显，那时老青岛人把中山路称作“街里”，并流传一首童谣：“小小子，逛街里，买书包，买铅笔，到了学校考第一。”那时期青岛的中山路就像北京的王府井、上海的南京路一样	 	由于内战，城市建设陷入停滞状态。直至 1949 年后，青岛城市的规模基本没有改变，新建的建筑很少，多是直接使用原先的建筑，城市建筑密度基本没有改变
新中国成立后至改革开放前 （1949 ～ 1978 年）			
	1949 年后，实施公私合营，中山路上许多商铺合并。 这一时期中山路作为城市唯一的商业中心，是城市中最繁荣的区域		

1.1.1.2　大沽路 4 号（俗称“游艺里”）

1923 年	被建造，档案编号 1923-0074（信息来源：青岛市城建档案馆）
19 世纪 30 年代	美国大兵入住（信息来源：老住户江益三口述）
民国 22 年 5 月	增建 3 层楼房，现归新华锦集团所有（信息来源：青岛市城建档案馆）
1970 年	院落经历大修（信息来源：老住户江益三口述）
2016 年	除 3 层外的另外两栋被青岛市南区政府收购（ 信息来源：门口封条＋房屋征收现场指挥部走访）

1.1.2　图纸变迁

通过对里院内部租户、商铺主人的走访，以及在市南区房屋现场征收指挥部、明水路房管所、湖北路 2 号中山路办事处的辗转奔波，我们拿到了较模糊的原版图纸。

最早的原始图纸为 1965 年 3 月绘制，再往前的图纸不详。

1.1.3　纪念性事件

大沽路 4 号是栋典型的“口”字形里院，资料称它的名字叫“游艺里”。

这所里院为 2 层，花岗石筑基，灰色的墙面，红瓦屋顶。宽大的正门在旧时跑马车没有问题，门廊下铺设的马牙石已经被岁月打磨得光滑发亮。走入院中，里院的天井不大，红色的木梯通往二楼，二楼有木质的围廊，每个廊柱两侧都有莲蓬的花纹装饰。

有资料显示，从 20 世纪 30 年代起一些有钱的华人逐渐兴起了饮用咖啡的时尚，这种时尚一直延续到青岛解放前。解放前的青岛，尤其在抗战胜利后，西餐厅、咖啡馆市场迅速繁荣起来。而在这栋建筑附近开设的“丽华饭店”是当年是较知名的专业咖啡馆。

1993 年，九龙餐厅开始营业，至今 25 年。

1.2 现状研究

1.2.1 系列表格

1.2.1.1 建筑概况表 1

项目文献编号	1923–0074
街道名称、门牌号	青岛市市南区大沽路 4 号
里院名称	游艺里
初建时间	1923 年 5 月
建筑工程	建设平房
建筑地点	大沽路 11 号地
请照人	王政兴
登记技师	王德昌 住广西路 20 号
登记营造厂	天泰兴合记 登记号数 二三 住福建路 52 号
建筑目的	店铺及置物
建筑种类	砖石建筑 2 层楼房
建筑用地面积	$1060m^2$
建筑物使用时效	永久
建筑物面积	原有一层：$751.34m^2$ 原有二层：$302.18m^2$ 原有地下室：$43.98m^2$ 原有廊下：$36.26m^2$ 增筑面积：$795.88m^2$ 合计：$1627.39m^2$
建筑期限	自批准日起 5 个月内竣工
建筑物层数	2 层
建筑费额	9500 银元
预定租额	800 银元

1.2.1.2 建筑工事说明书 1

一	地盘以道路面为准，高低照图平均为度
二	基础挖土使用大乱石及打水泥共寸法，照图面依行打水泥铺 按水泥一、沙三、石子六比例合均打得坚固为准
三	使用瓦石砌之地平再用上等长石墙砂子石灰调和相当砌之坚固为准
四	内围墙壁及中壁共用青岛赤烧红砖，用图面照做使用砂子石灰调和相当砌之坚固为度，出入口上部之处用水泥砂子调和立坚固为准
五	内外壁墙用水化石灰一、砂子三调和相当，照图美观为度
六	档案 1923–0074 脚底：乱石　墙壁：砖　柱身：白松 梁、屋面：大瓦
七	档案 1933–0105 脚底：乱石　墙壁：砖　柱身：混凝土 梁：美松　屋面：大瓦

资料来源：青岛市城建档案馆

1.2.1.3 建筑概况表 2

基本信息	现有功能	均为廉租房
	原有风格	红砖坡顶
	内部户数	30 户，均为租户（部分出现一家两户）
	保存状况	部分征收，部分正常使用
	产权性质	（出租）公有
	租金	600 ~ 850 元 / 月
细部特征	建筑结构	2 层，局部 3 层，砖混结构
	院落类型	不规则口字形，独院
	门洞入口	券顶
	外廊	水泥围栏
	楼梯	混凝土楼板、栏杆，部分木质栏杆
	屋顶	坡屋顶，无老虎窗，有天窗
生活设施	排水	为合流制管道
	给水	二层自行改造引水到户，水龙头仍在室外
	厕所	居民家中无厕所，室外有公共厕所
	厨房	多数住户无独立厨房，在走廊做饭、烧水
	电力	电线杂乱，到处架设
	家电	冰箱、空调、宽带
室内环境	较拥挤，层高 3.3 米，有吊铺	

1.2.1.4 建筑工事说明书 2

项目文献编号	1933-0105
街道名称、门牌号	青岛市市南区大沽路 4 号
里院名称	游艺里
改建时间	1933 年 5 月
建筑工程	增筑 3 层楼房
建筑地点	大沽路 11 号地
请照人	游艺堂 住蒙阴路一号乙
登记技师	杨仲翘 登记号数 二三 住福建路 52 号
登记营造厂	天泰兴合记 登记号数 二三 住福建路 52 号
建筑目的	仓库及住房
建筑种类	砖石建筑 3 层楼房
建筑物使用时效	永久
建筑物面积	256m^2
建筑期限	二十二年四月二十三日完工
建筑物层数	3 层
建筑费额	13000 银元
预定租额	150 银元

1.2.2 平面图

1.2.2.1 总平面图

因为建筑保护修复的特殊性，需要将构成建筑物的所有元素、构造做法以及空间构成进行分类并统计，以便于针对不同问题制定修复设计方案。故本书下文将按 A 门窗、B 结构、C 楼梯、D 屋顶、E 材料与做法、F 构件与细部、G 加建、H 空间秩序、I 其他对游艺里进行分析。

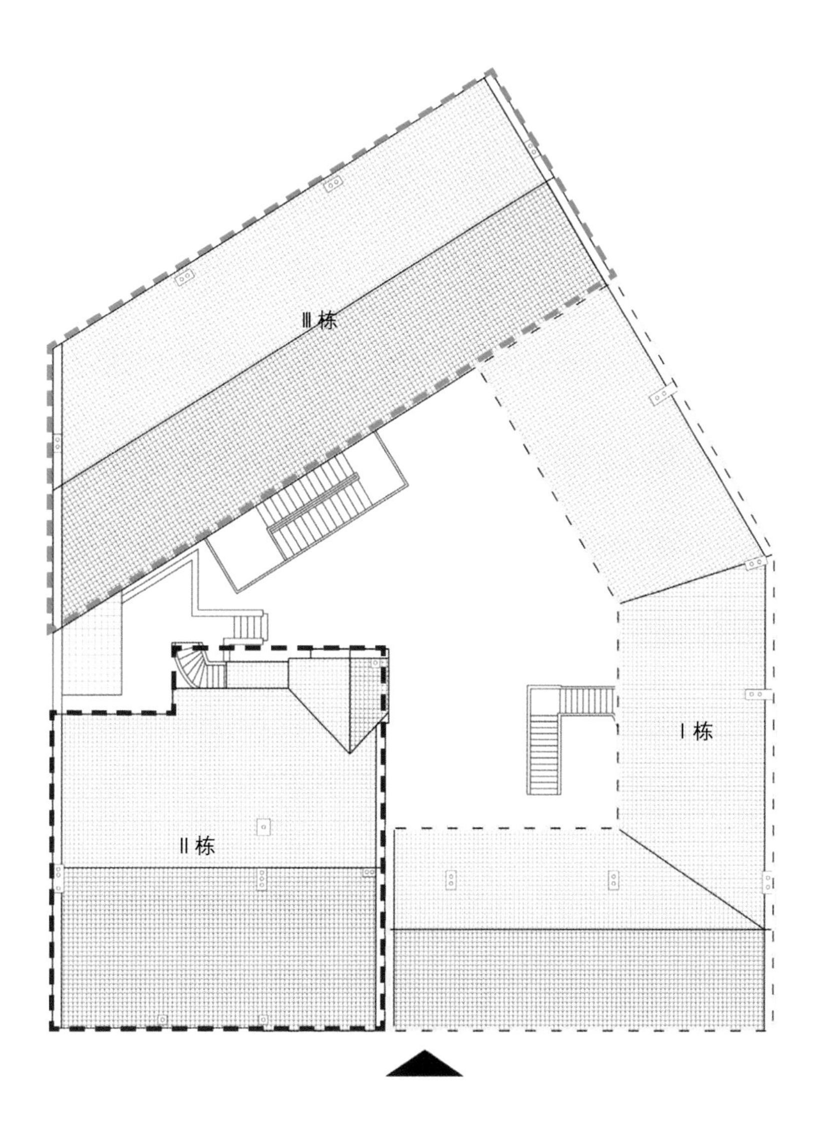

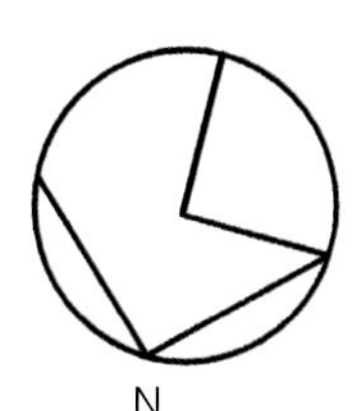

1∶200　1965 年总平面图

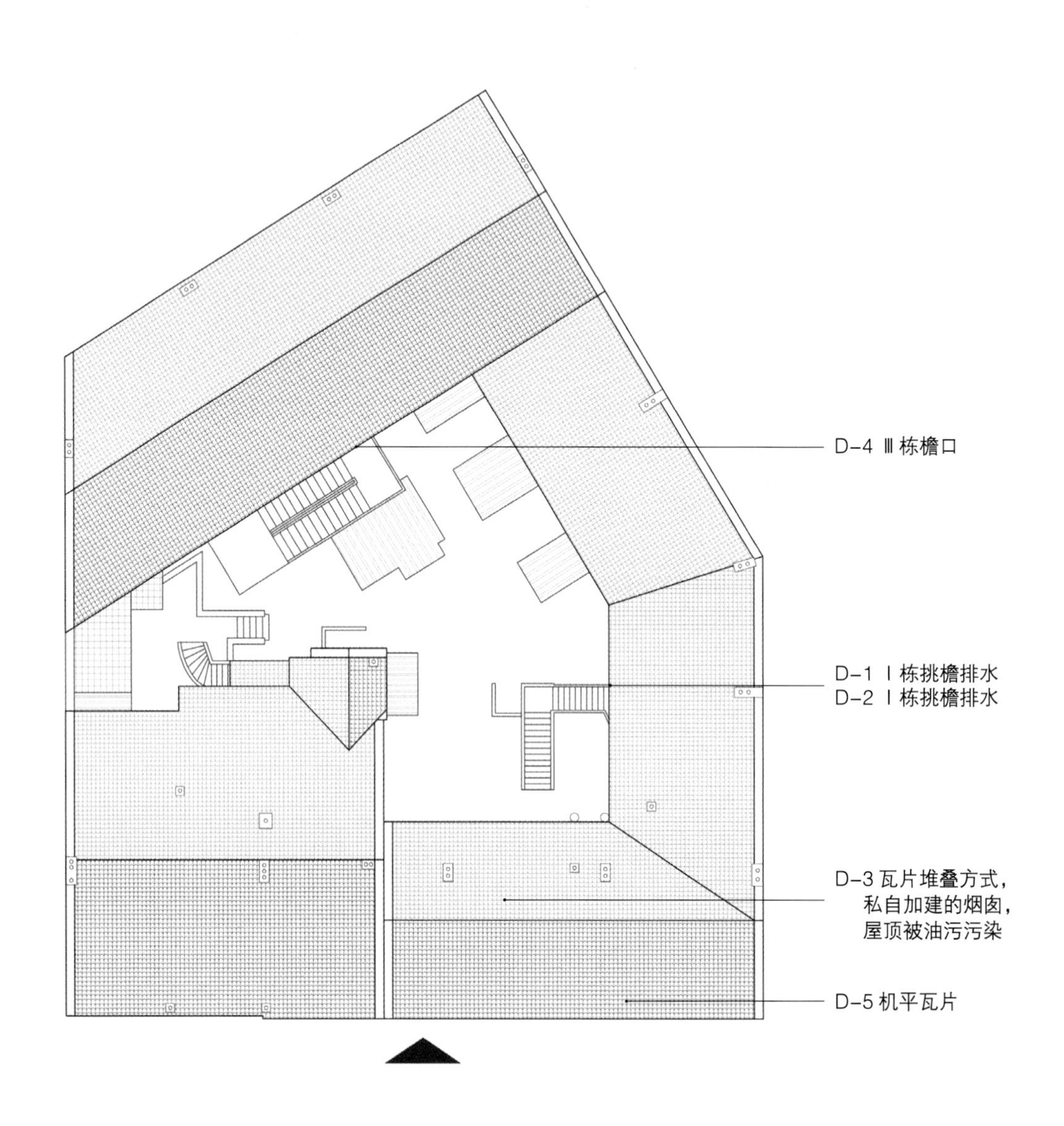

D-4 Ⅲ栋檐口
D-1 Ⅰ栋挑檐排水
D-2 Ⅰ栋挑檐排水
D-3 瓦片堆叠方式，
私自加建的烟囱，
屋顶被油污污染
D-5 机平瓦片

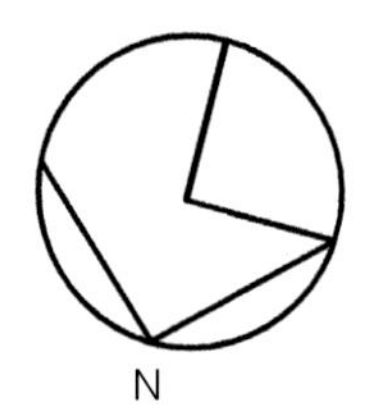

N

1∶200 现状总平面图

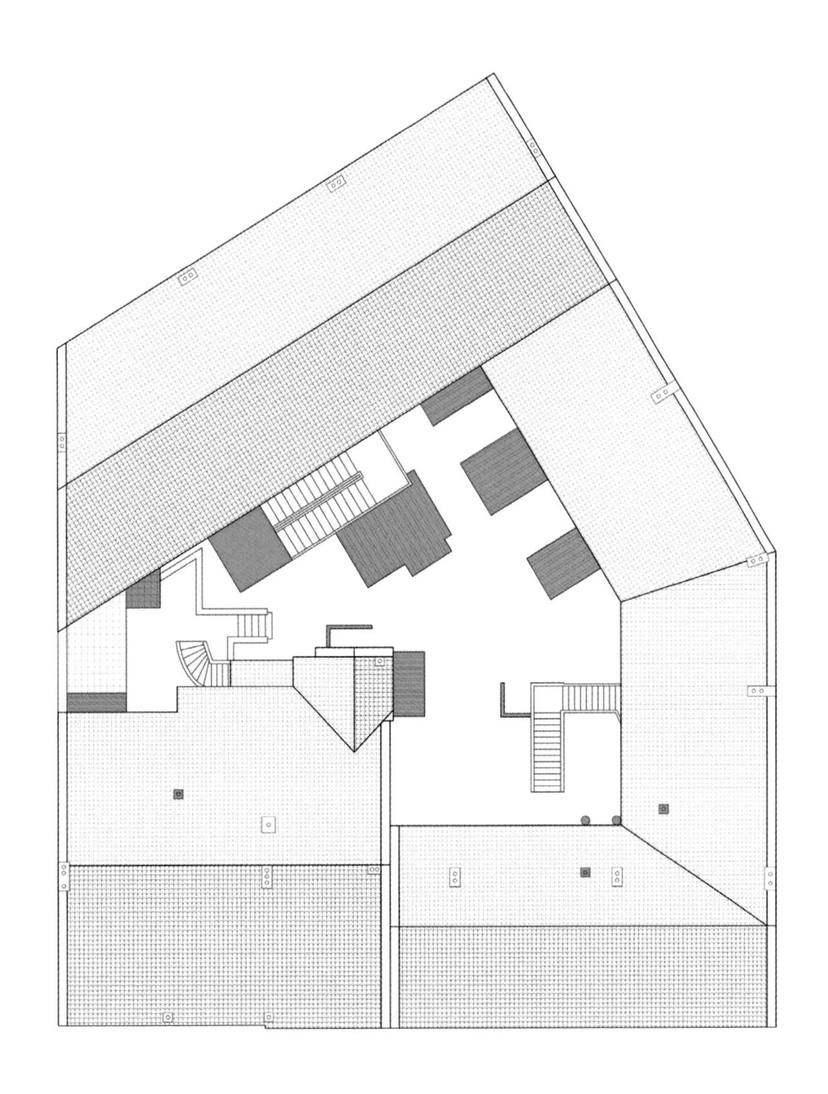

1:200　现状总平面图

1.2.2.2 地下一层

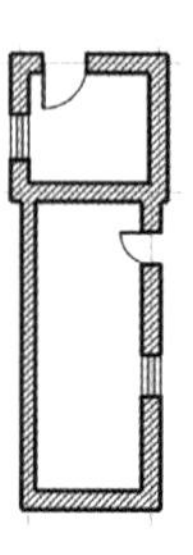

1：200 1965 年地下一层

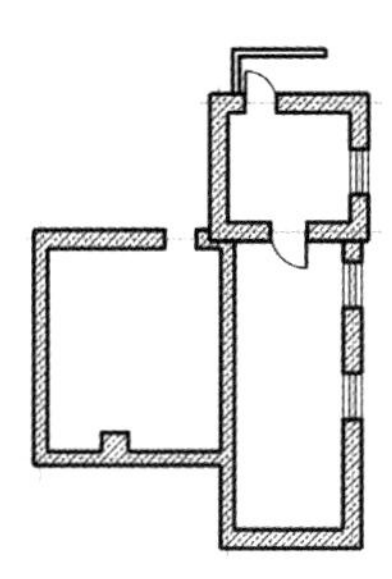

1:200　现状地下一层

1.2.2.3　一层

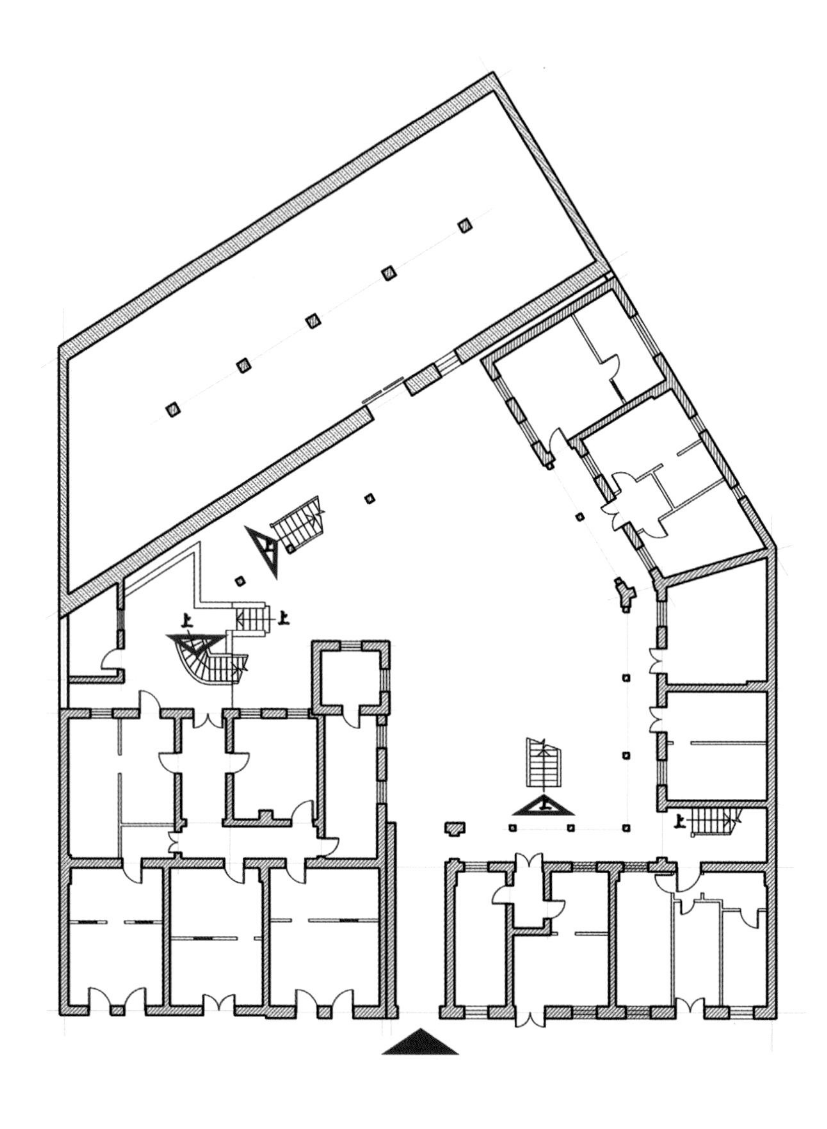

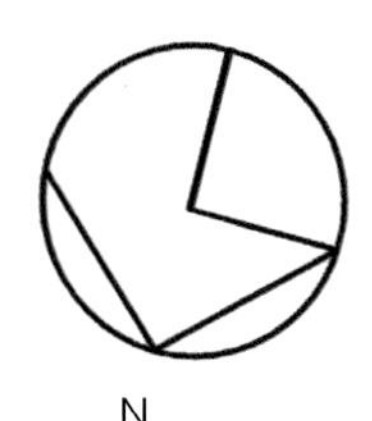

1 : 200　1965 年一层平面

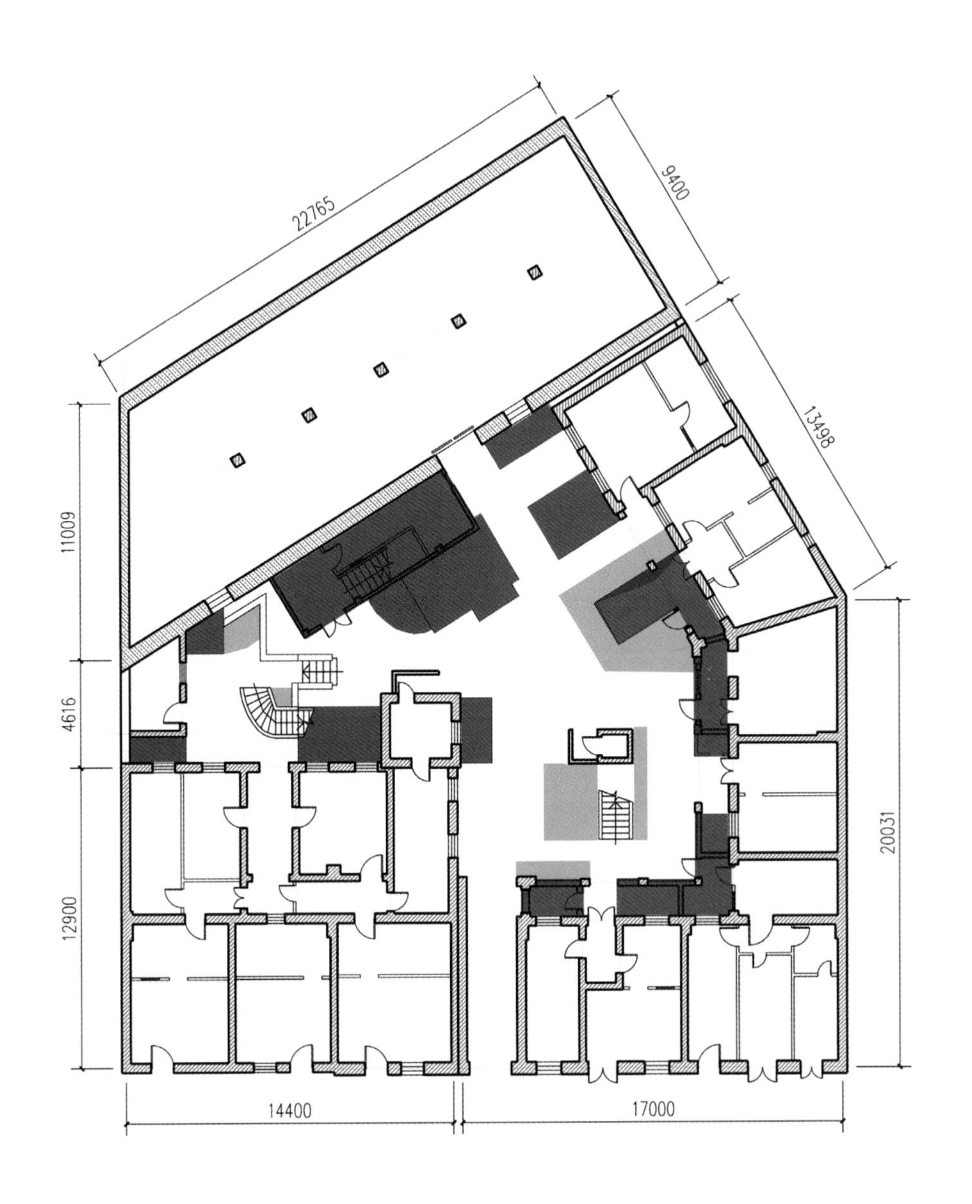

1：200　现状一层平面

1.2.2.4　二层

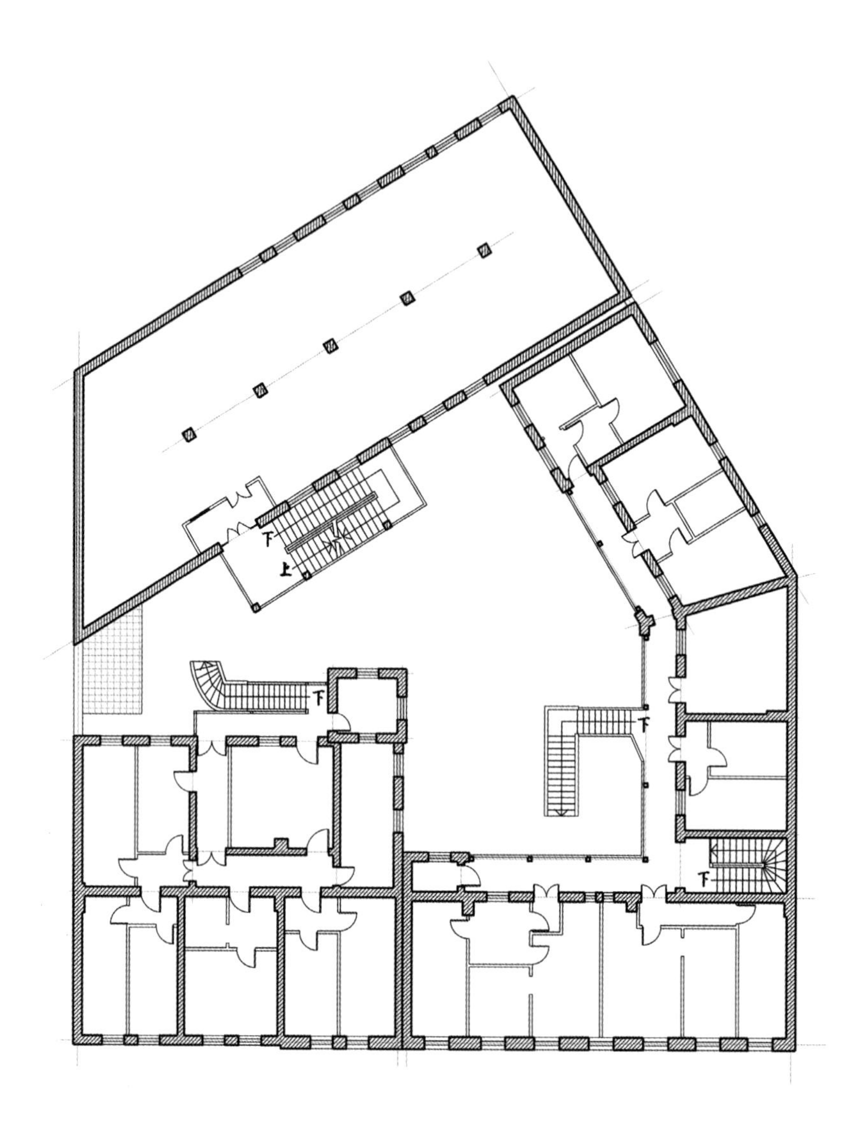

1：200　1965 年二层平面

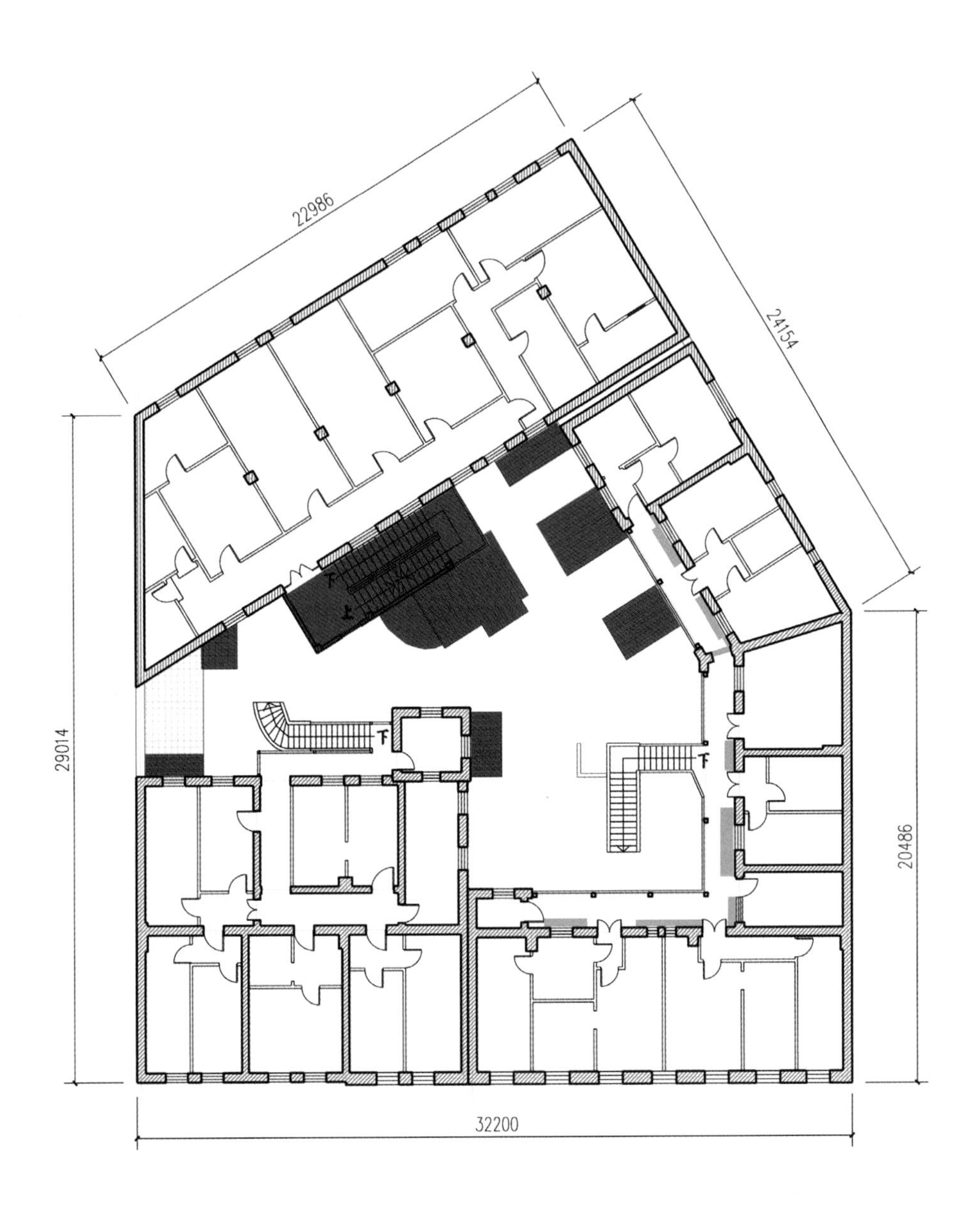
22986
24154
29014
20486
32200

1:200　现状二层平面

1.2.2.5　三层

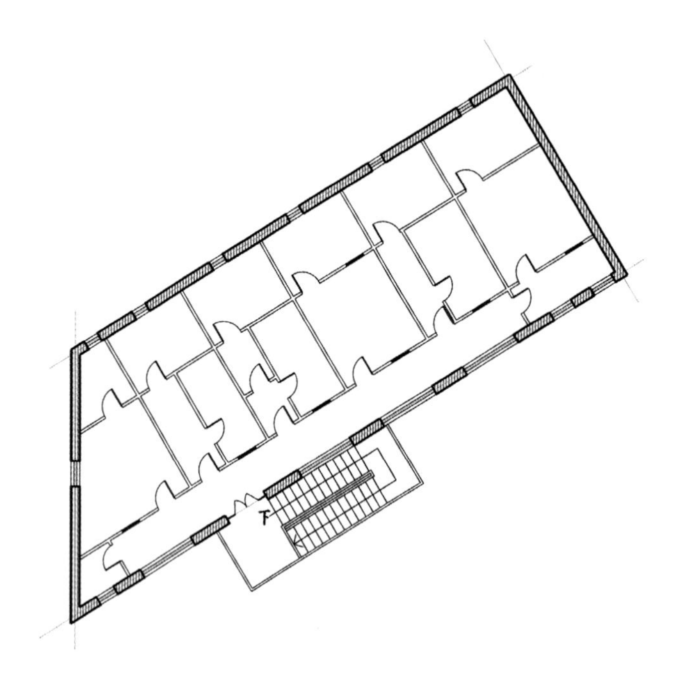

1：200　1965 年三层平面

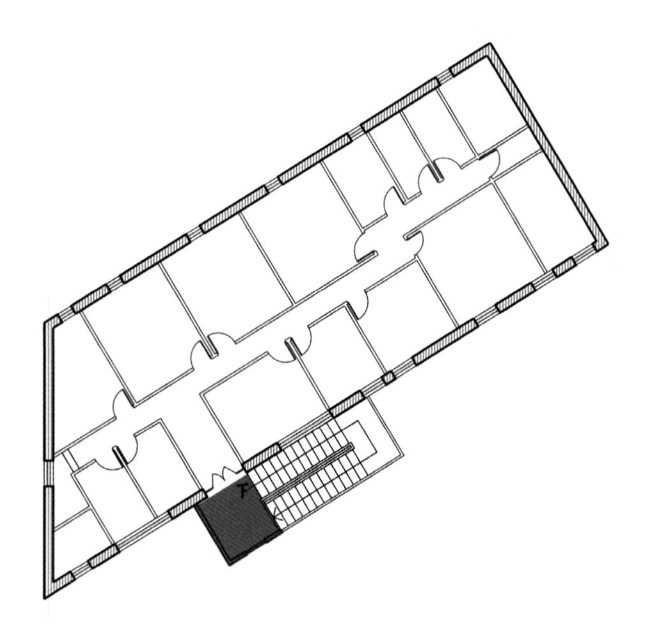

1 : 200　现状三层平面

1.2.2.6 平面图对应问题

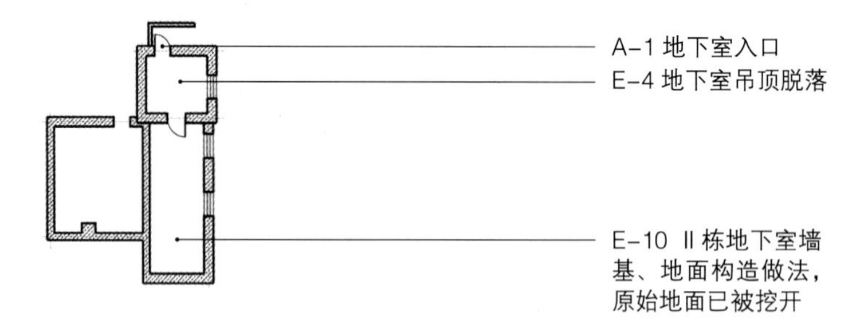

1∶200 现状地下一层

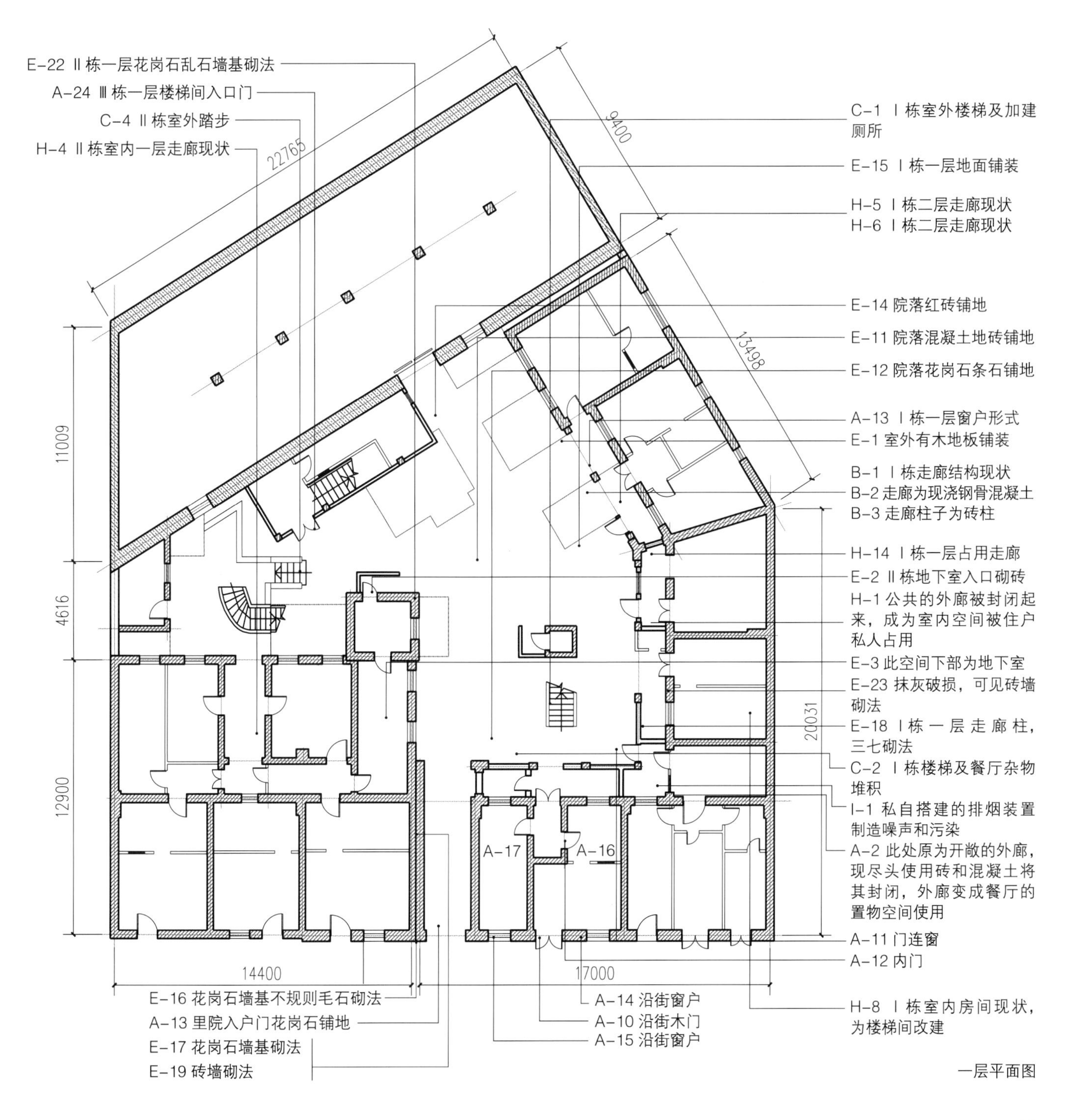
E-22 Ⅱ栋一层花岗石乱石墙基砌法
A-24 Ⅲ栋一层楼梯间入口门
C-4 Ⅱ栋室外踏步
H-4 Ⅱ栋室内一层走廊现状
22765
9400
13498
11009
4616
12900
20031
14400
17000
A-17
A-16
C-1 Ⅰ栋室外楼梯及加建厕所
E-15 Ⅰ栋一层地面铺装
H-5 Ⅰ栋二层走廊现状
H-6 Ⅰ栋二层走廊现状
E-14 院落红砖铺地
E-11 院落混凝土地砖铺地
E-12 院落花岗石条石铺地
A-13 Ⅰ栋一层窗户形式
E-1 室外有木地板铺装
B-1 Ⅰ栋走廊结构现状
B-2 走廊为现浇钢骨混凝土
B-3 走廊柱子为砖柱
H-14 Ⅰ栋一层占用走廊
E-2 Ⅱ栋地下室入口砌砖
H-1 公共的外廊被封闭起来，成为室内空间被住户私人占用
E-3 此空间下部为地下室
E-23 抹灰破损，可见砖墙砌法
E-18 Ⅰ栋一层走廊柱，三七砌法
C-2 Ⅰ栋楼梯及餐厅杂物堆积
I-1 私自搭建的排烟装置制造噪声和污染
A-2 此处原为开敞的外廊，现尽头使用砖和混凝土将其封闭，外廊变成餐厅的置物空间使用
A-11 门连窗
A-12 内门
E-16 花岗石墙基不规则毛石砌法
A-13 里院入户门花岗石铺地
E-17 花岗石墙基砌法
E-19 砖墙砌法
A-14 沿街窗户
A-10 沿街木门
A-15 沿街窗户
H-8 Ⅰ栋室内房间现状，为楼梯间改建

一层平面图

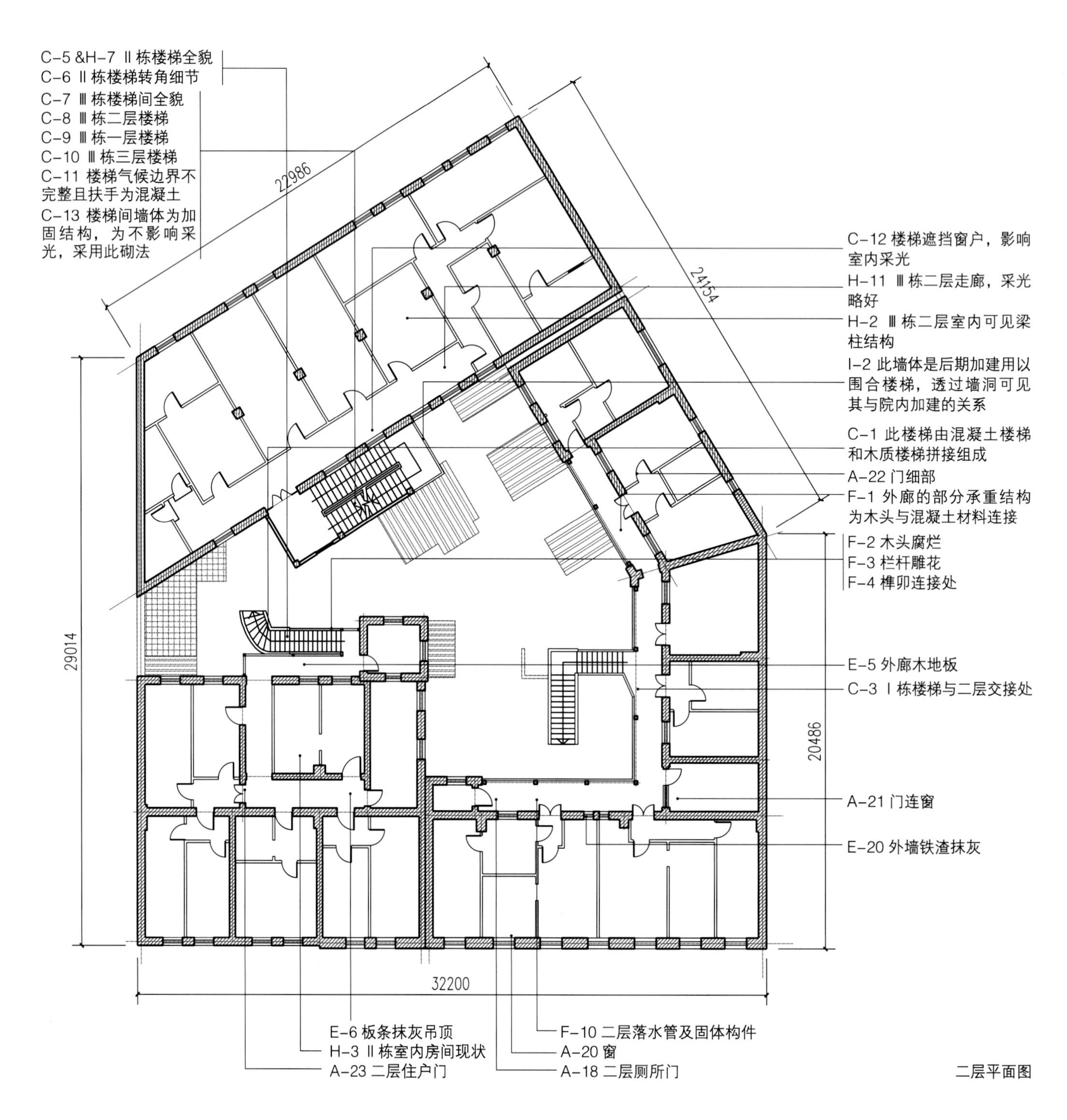
C-5 &H-7 Ⅱ栋楼梯全貌
C-6 Ⅱ栋楼梯转角细节
C-7 Ⅲ栋楼梯间全貌
C-8 Ⅲ栋二层楼梯
C-9 Ⅲ栋一层楼梯
C-10 Ⅲ栋三层楼梯
C-11 楼梯气候边界不完整且扶手为混凝土
C-13 楼梯间墙体为加固结构，为不影响采光，采用此砌法
22986
24154
29014
20486
32200
C-12 楼梯遮挡窗户，影响室内采光
H-11 Ⅲ栋二层走廊，采光略好
H-2 Ⅲ栋二层室内可见梁柱结构
I-2 此墙体是后期加建用以围合楼梯，透过墙洞可见其与院内加建的关系
C-1 此楼梯由混凝土楼梯和木质楼梯拼接组成
A-22 门细部
F-1 外廊的部分承重结构为木头与混凝土材料连接
F-2 木头腐烂
F-3 栏杆雕花
F-4 榫卯连接处
E-5 外廊木地板
C-3 Ⅰ栋楼梯与二层交接处
A-21 门连窗
E-20 外墙铁渣抹灰
E-6 板条抹灰吊顶
H-3 Ⅱ栋室内房间现状
A-23 二层住户门
F-10 二层落水管及固体构件
A-20 窗
A-18 二层厕所门
二层平面图

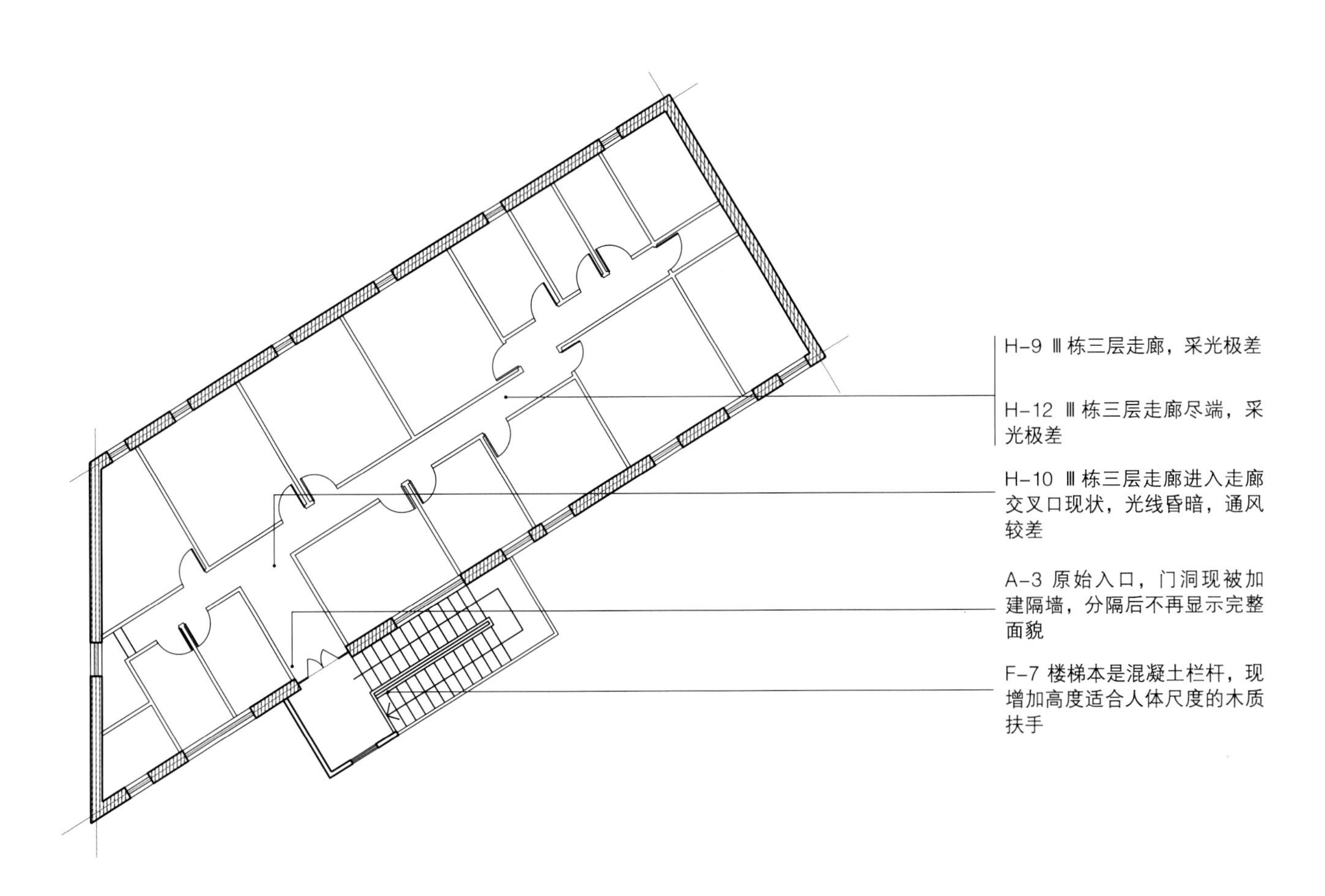
H-9 Ⅲ 栋三层走廊，采光极差
H-12 Ⅲ 栋三层走廊尽端，采光极差
H-10 Ⅲ 栋三层走廊进入走廊交叉口现状，光线昏暗，通风较差
A-3 原始入口，门洞现被加建隔墙，分隔后不再显示完整面貌
F-7 楼梯本是混凝土栏杆，现增加高度适合人体尺度的木质扶手

三层平面图

1.2.2.7　平面图分析图

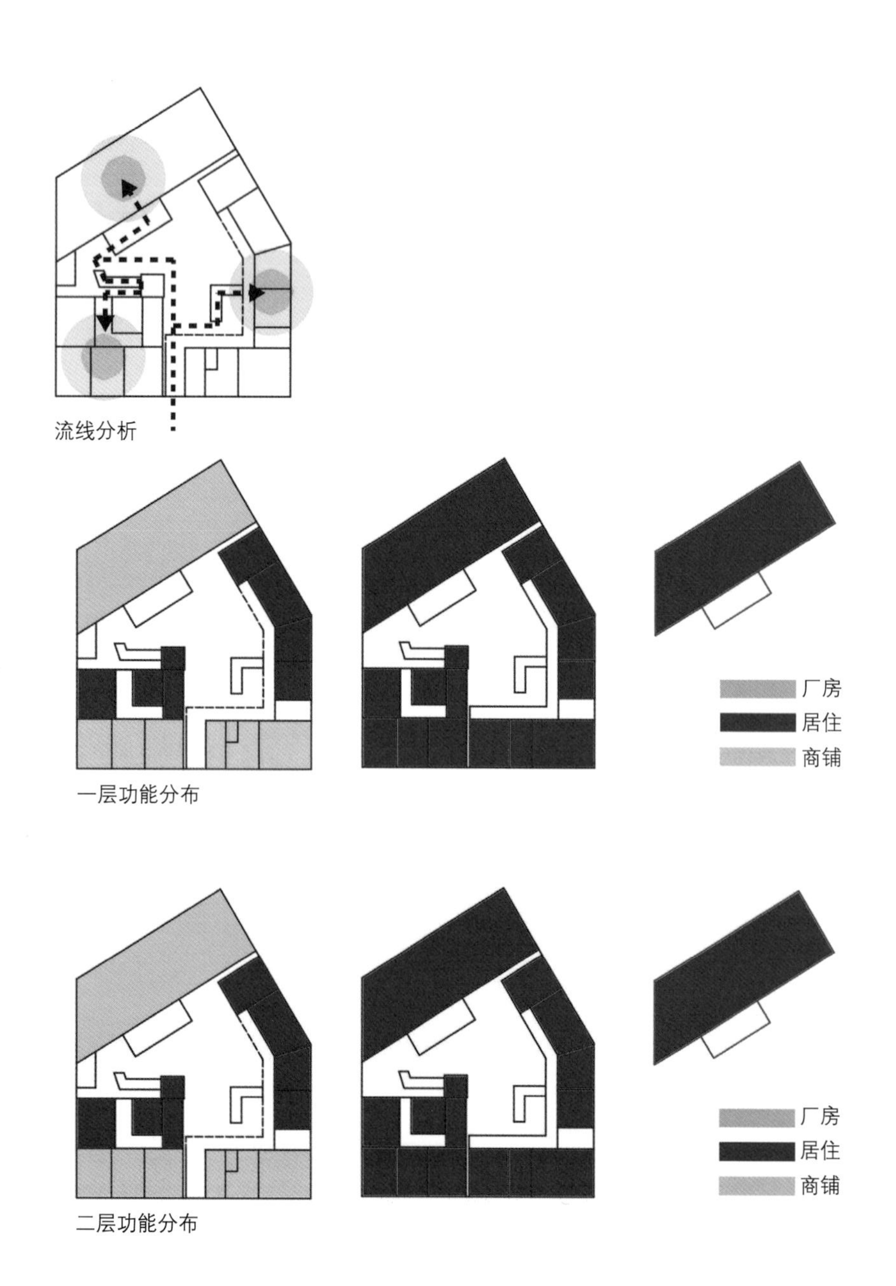

流线分析

一层功能分布

二层功能分布

1.2.3 立面图

1.2.3.1 Ⅲ栋无遮挡

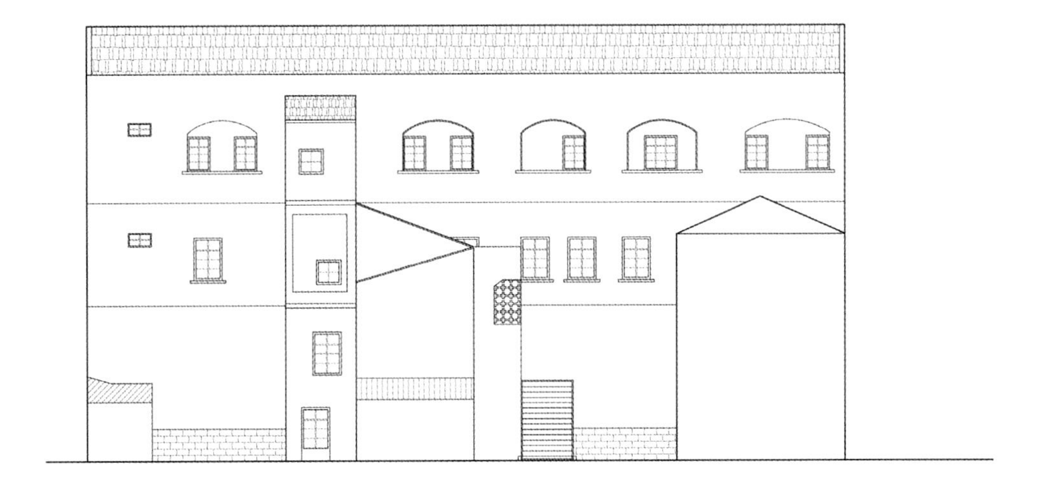

1.2.3.2 Ⅲ栋有遮挡

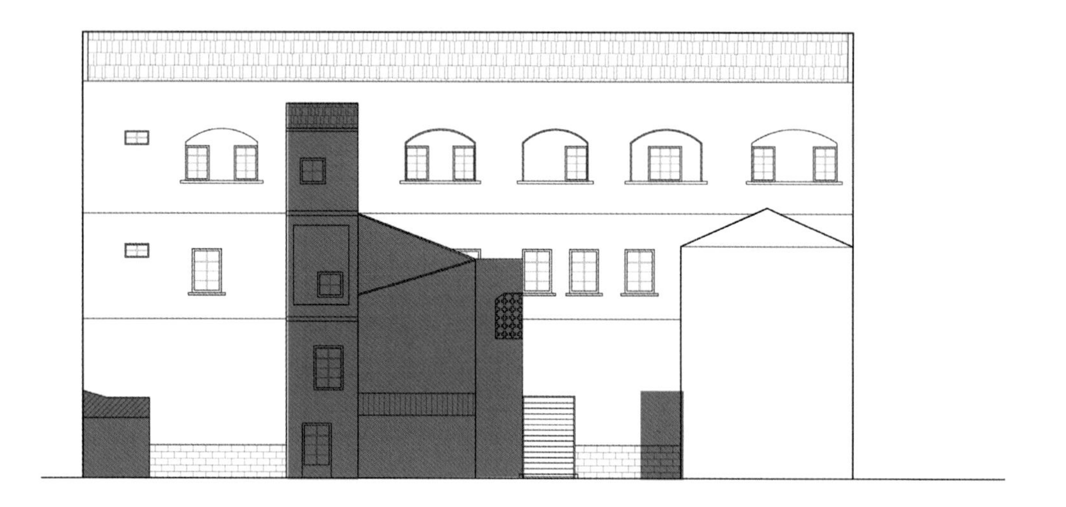

1.2.3.3　I 栋及实景

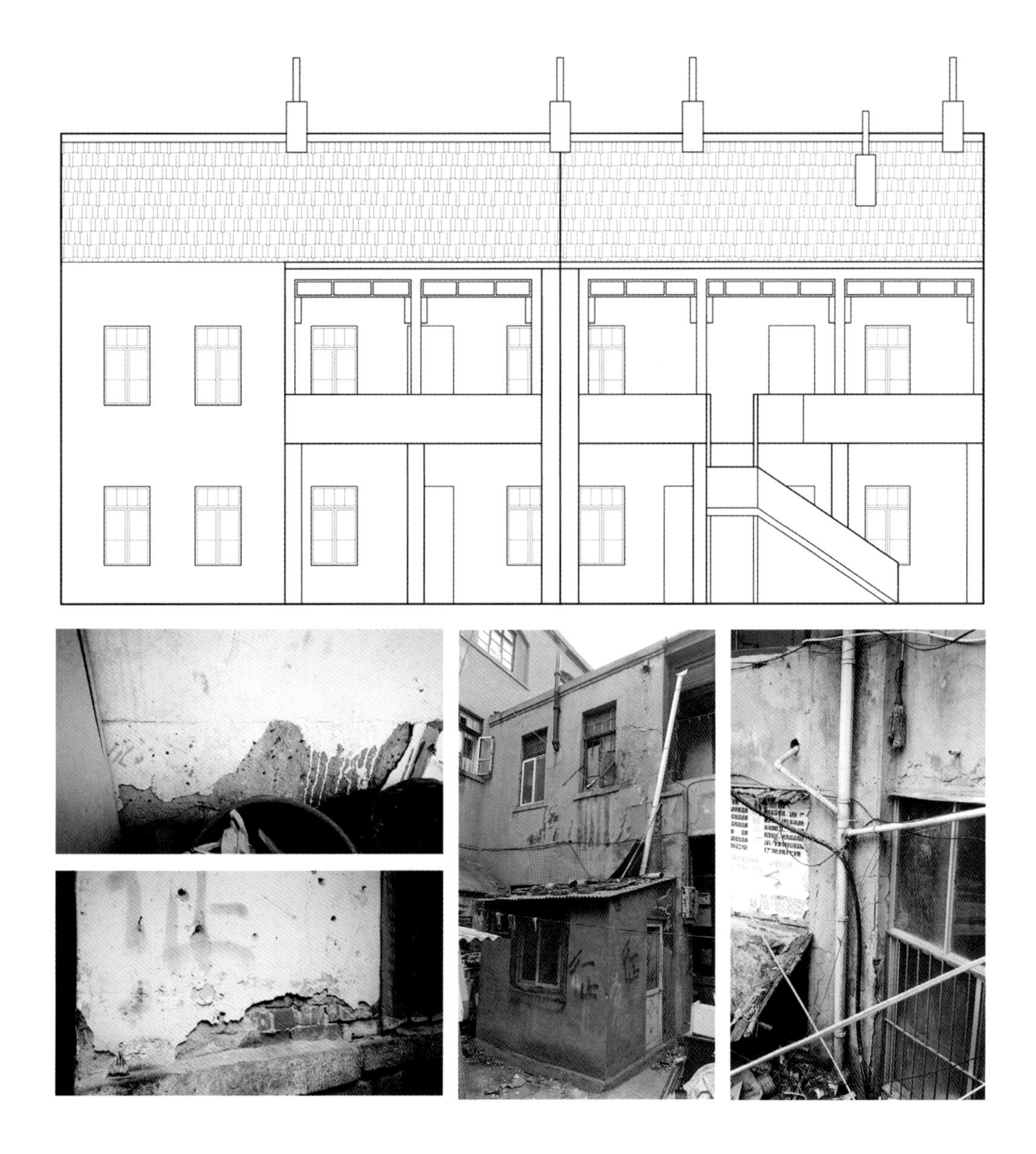

1.2.3.4 Ⅱ栋及实景

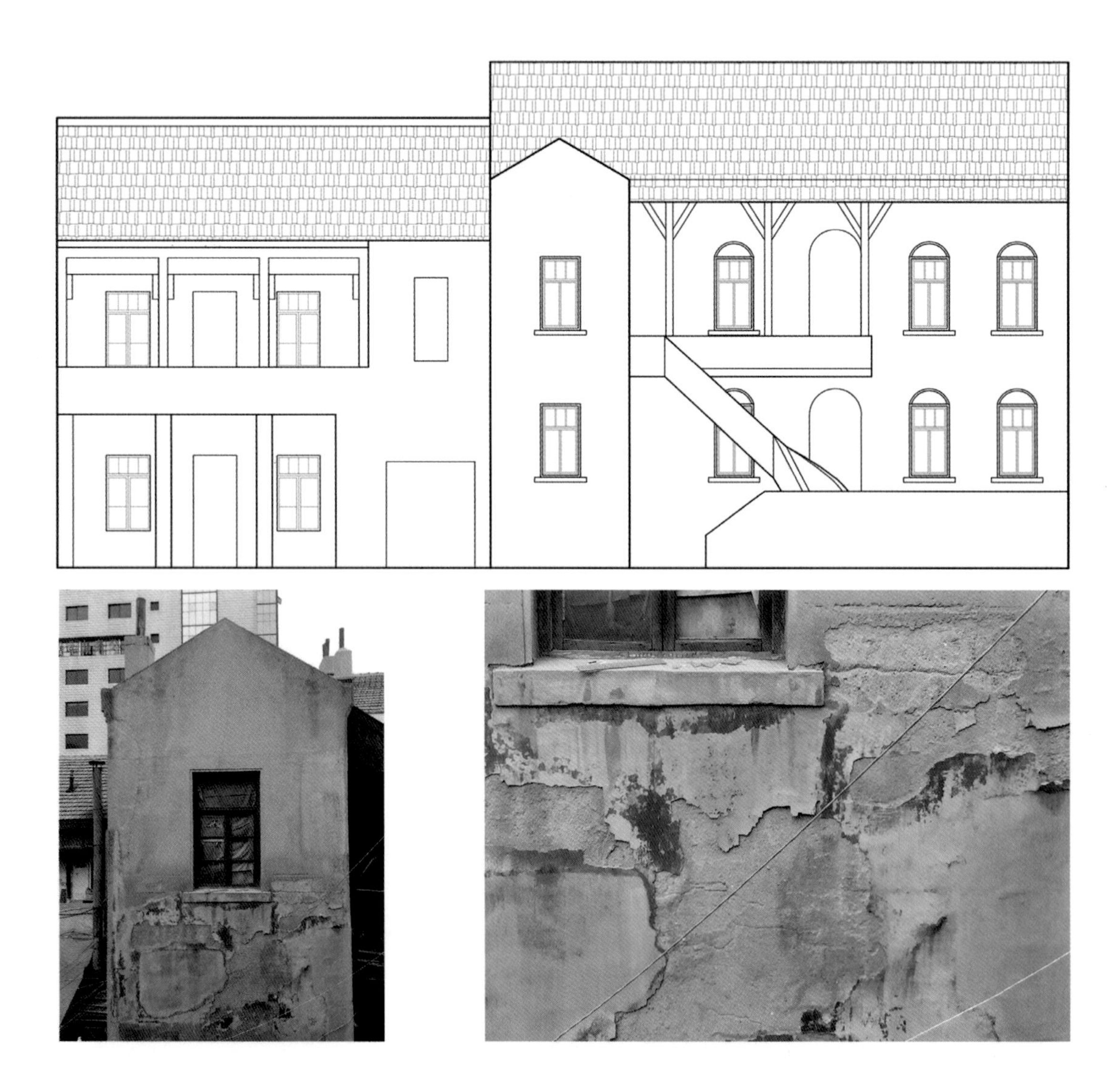

1.2.3.5 Ⅲ栋及实景

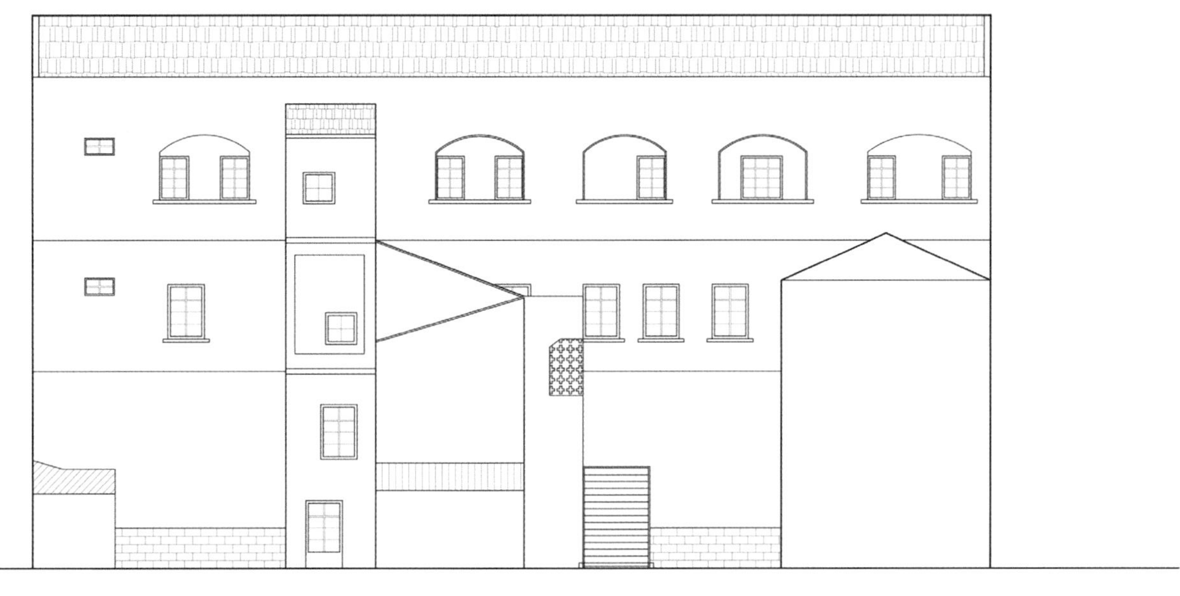

1.2.3.6 立面对应问题

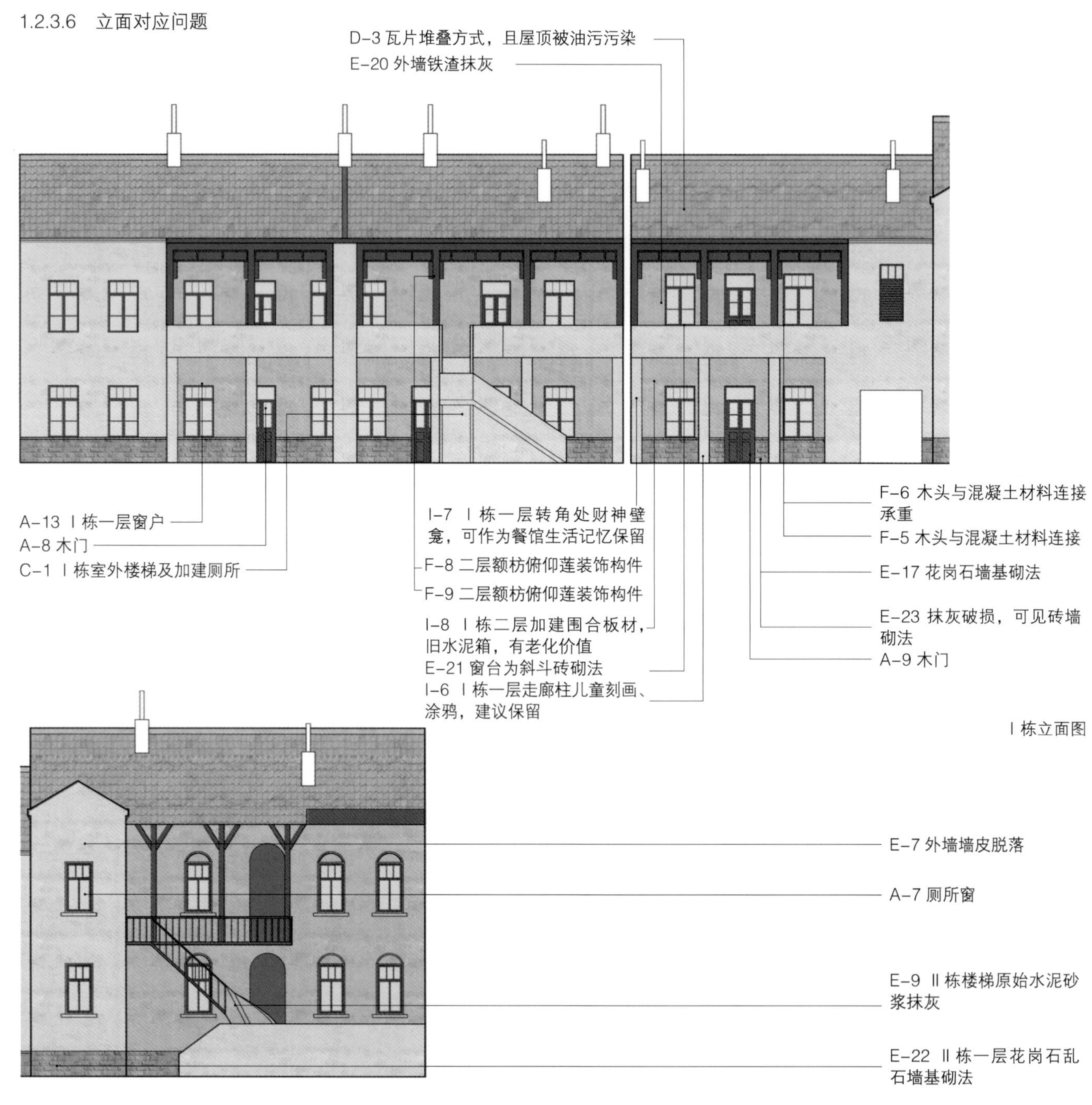
D-3 瓦片堆叠方式，且屋顶被油污污染
E-20 外墙铁渣抹灰
A-13 Ⅰ栋一层窗户
A-8 木门
C-1 Ⅰ栋室外楼梯及加建厕所
I-7 Ⅰ栋一层转角处财神壁龛，可作为餐馆生活记忆保留
F-8 二层额枋俯仰莲装饰构件
F-9 二层额枋俯仰莲装饰构件
I-8 Ⅰ栋二层加建围合板材，旧水泥箱，有老化价值
E-21 窗台为斜斗砖砌法
I-6 Ⅰ栋一层走廊柱儿童刻画、涂鸦，建议保留
F-6 木头与混凝土材料连接承重
F-5 木头与混凝土材料连接
E-17 花岗石墙基砌法
E-23 抹灰破损，可见砖墙砌法
A-9 木门
Ⅰ栋立面图

E-7 外墙墙皮脱落
A-7 厕所窗
E-9 Ⅱ栋楼梯原始水泥砂浆抹灰
E-22 Ⅱ栋一层花岗石乱石墙基砌法
Ⅱ栋立面图

D-4 檐口
A-4 在同样的窗洞下开窗方式不同
I-3 管线随意沿墙分布
E-8 Ⅲ栋水泥砂浆抹灰
C-13 二层楼梯为加固结构，又不至于影响采光，故以此砌法砌墙
A-6 旧窗与新窗组合成“双层窗”
A-24 Ⅲ栋一层楼梯间入口门，门板已缺失

Ⅲ栋北立面图

1.2.4 结构与构件

1.2.4.1 门窗

A 门窗

1.2.4.2　结构

B 结构

B-1

B-2

B-3

B-4

B-5

B-6

B-7

屋顶
红色机平瓦，略有破损，且北侧被餐厅油烟污染

屋顶结构
木质桁架，榀数及结构安全程度尚不能确定

二层承重墙
三七墙砌法，内墙部分为二四墙砌法。北侧内墙并非贯通两层，西侧空间布局与一层相同

二层走廊柱
上半段为木质，且额枋为建筑原有构件，保留有民国时期中国传统建筑复兴思潮的印记——垂莲柱的一种变体，饰以俯仰莲

二层楼板及栏板
推测走廊由于结构问题而更换为现浇钢骨混凝土走廊、栏板及二层柱础。室内地面依旧为红松木地板

一层承重墙及走廊柱
砖砌部分为三七墙砌法，内墙部分为二四墙砌法，房间划分较多，结构性能良好。由于走廊柱为我国通用砖块规格，推测为后期更换二层走廊结构时建造

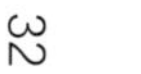

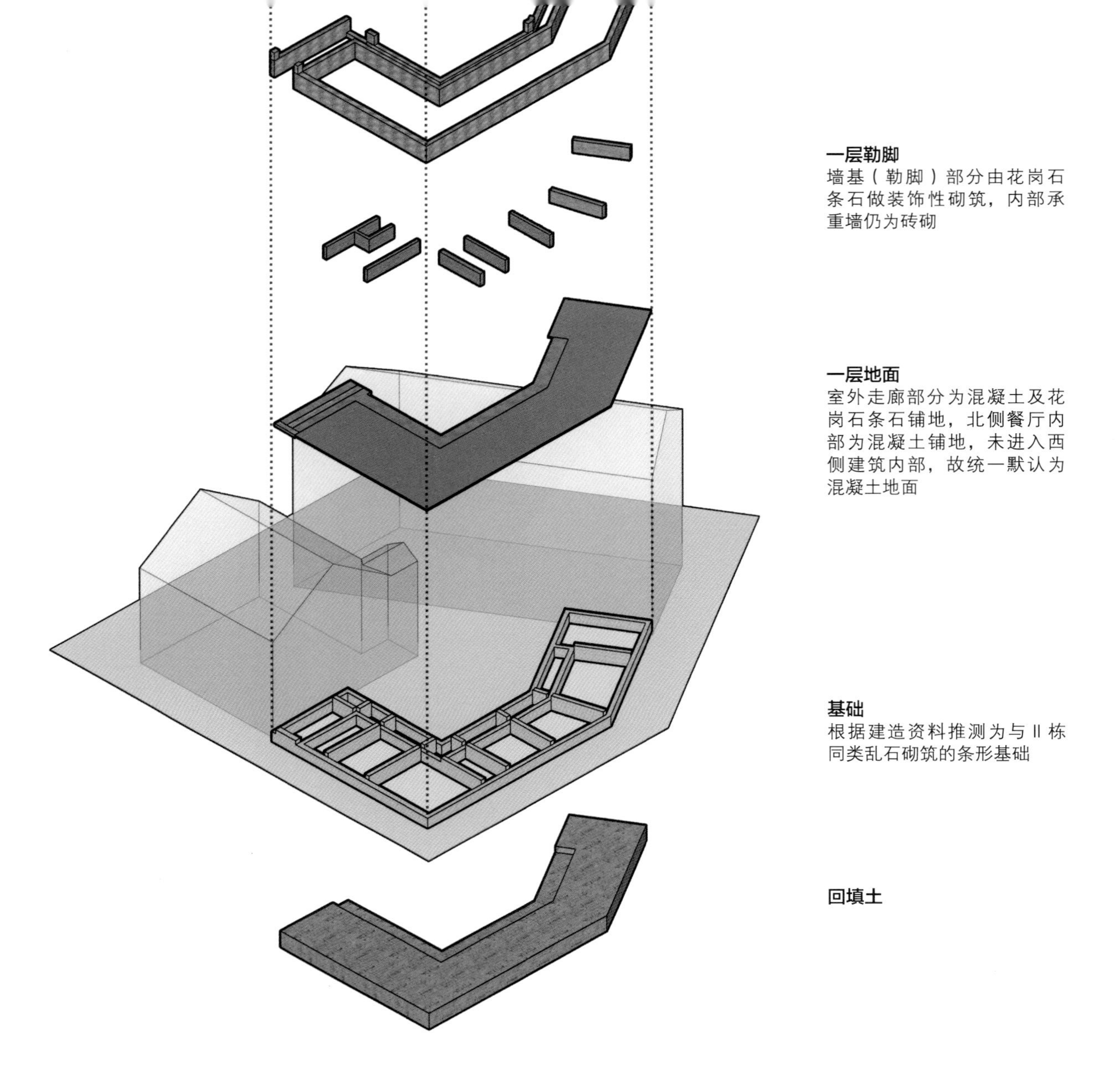
一层勒脚
墙基（勒脚）部分由花岗石条石做装饰性砌筑，内部承重墙仍为砖砌
一层地面
室外走廊部分为混凝土及花岗石条石铺地，北侧餐厅内部为混凝土铺地，未进入西侧建筑内部，故统一默认为混凝土地面
基础
根据建造资料推测为与 II 栋同类乱石砌筑的条形基础
回填土

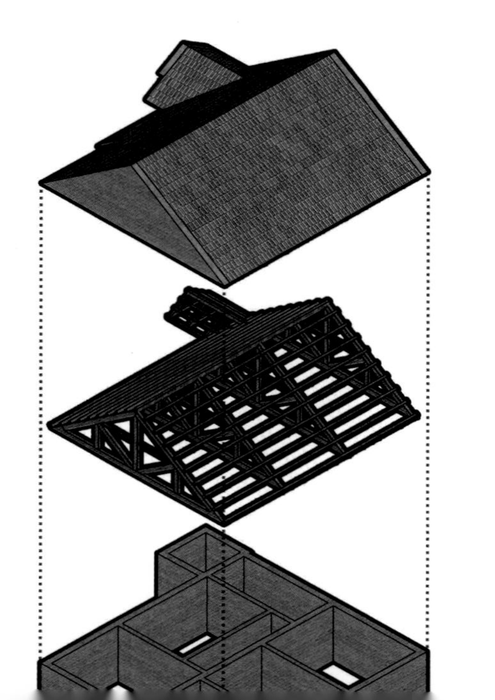

屋顶
红色机平瓦，尚无破损

屋顶结构
木质桁架，榀数及结构安全程度尚不能确定

二层承重墙
外墙三七墙砌法，内墙部分为二四墙砌法。空间布局与一层基本相同

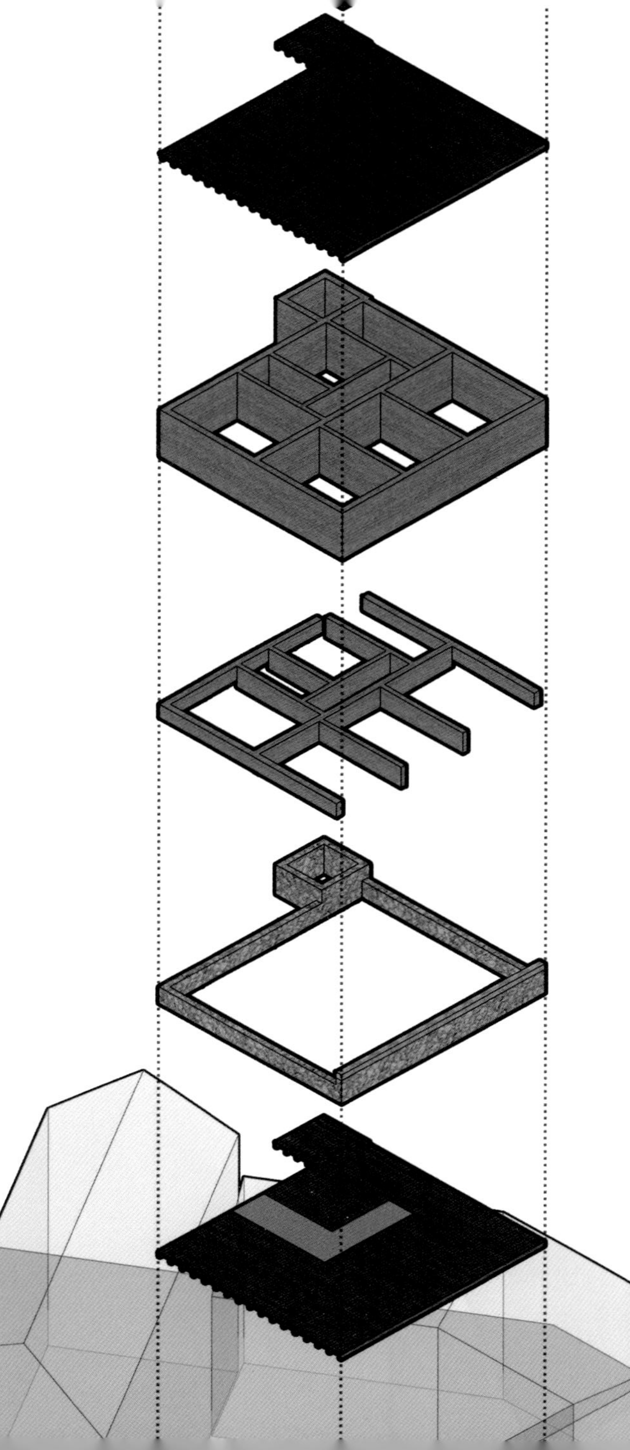

二层楼板
全部为红松木地板，但局部结构腐朽老化破损，有一定安全隐患

一层承重墙
砖砌部分为三七墙砌法，内墙局部为二四墙砌法。无明显结构问题

一层勒脚
墙基（勒脚）部分由花岗石条石做装饰性砌筑，内部承重墙仍为砖砌

一层地面
室外及走廊为混凝土硬质铺装，由于存在地下室，其余部分为红松木地板

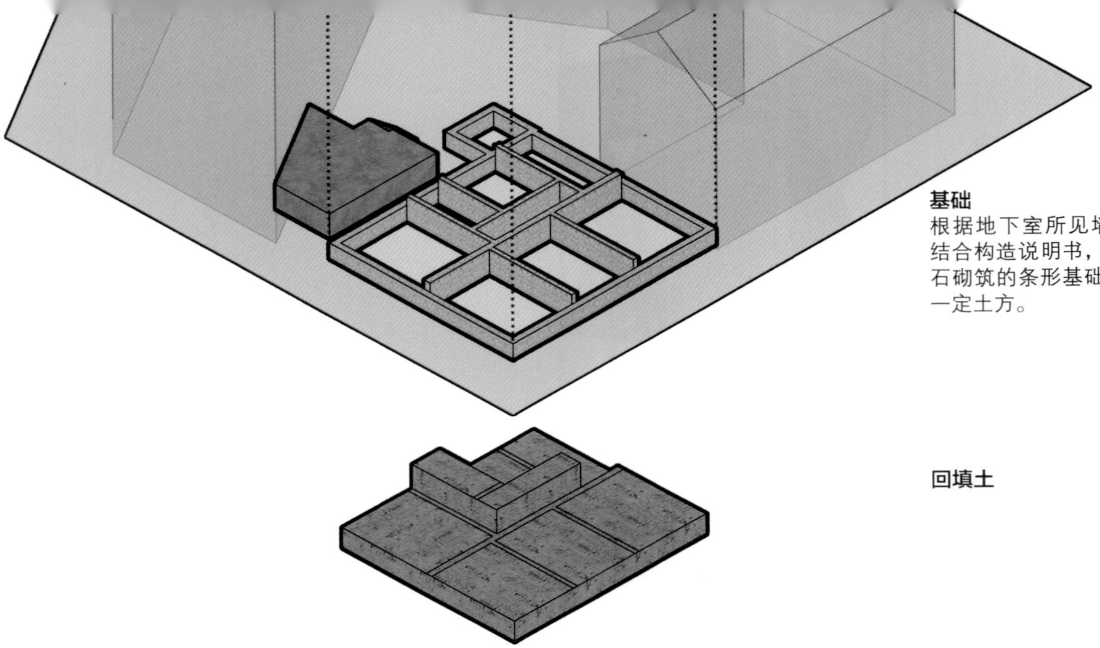

基础
根据地下室所见墙基构造，结合构造说明书，认定为乱石砌筑的条形基础，并回填一定土方。

回填土

游艺里 II 栋建筑结构分解图

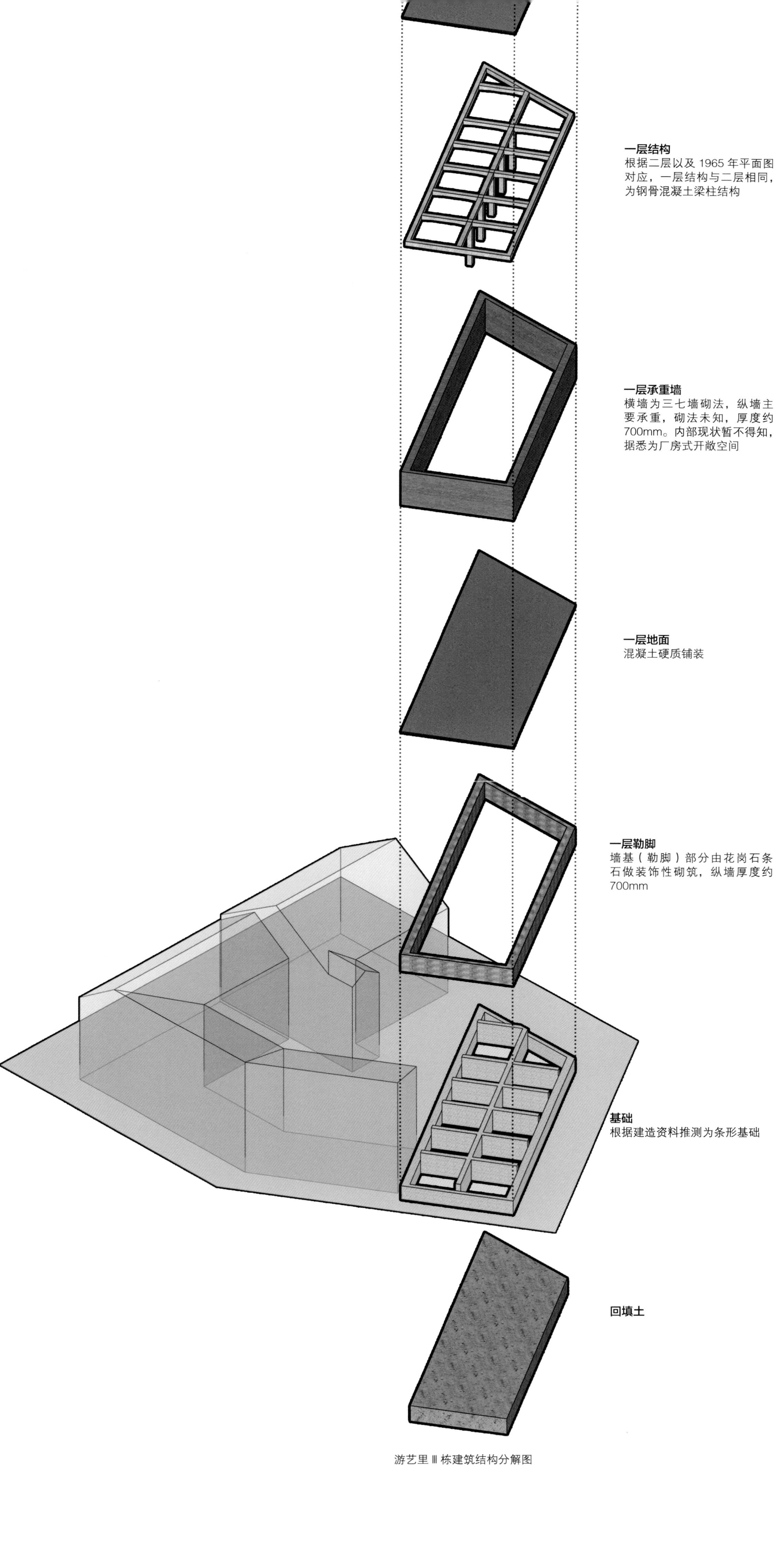

一层结构
根据二层以及 1965 年平面图对应，一层结构与二层相同，为钢骨混凝土梁柱结构
一层承重墙
横墙为三七墙砌法，纵墙主要承重，砌法未知，厚度约700mm。内部现状暂不得知，据悉为厂房式开敞空间
一层地面
混凝土硬质铺装
一层勒脚
墙基（勒脚）部分由花岗石条石做装饰性砌筑，纵墙厚度约700mm
基础
根据建造资料推测为条形基础
回填土

游艺里Ⅲ栋建筑结构分解图

1.2.4.3 楼梯

C 楼梯

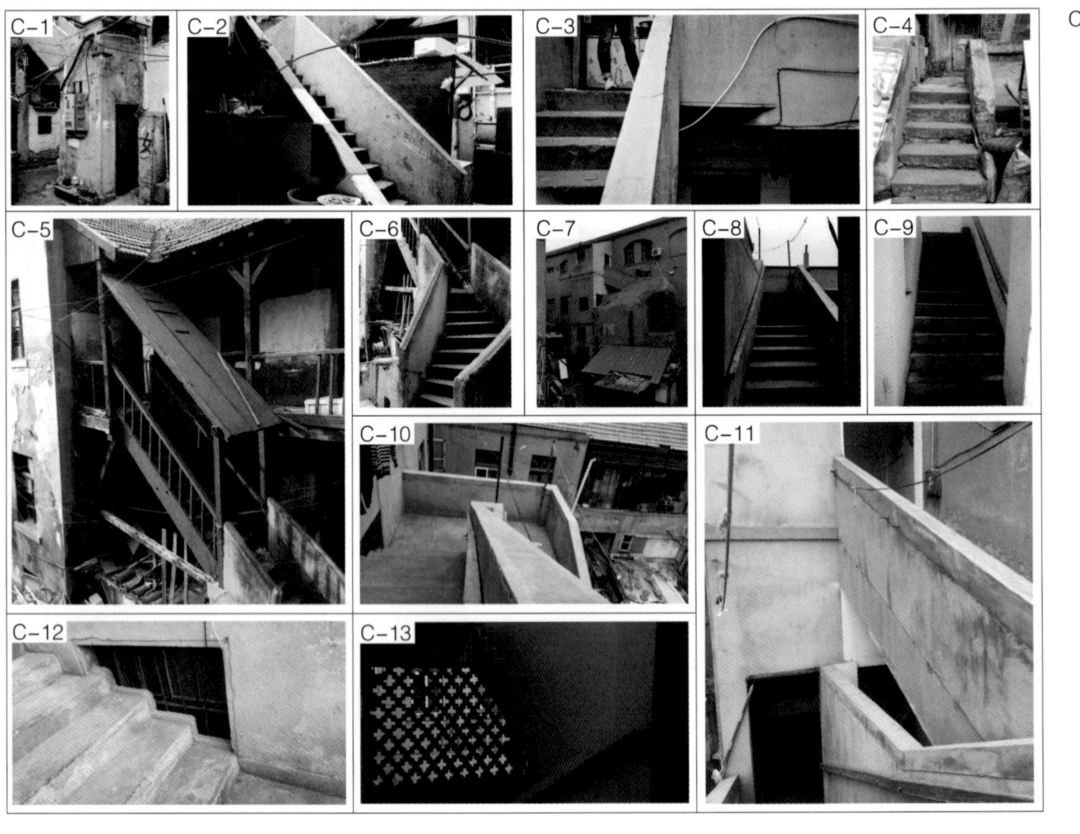

1.2.4.4 屋顶

D 屋顶

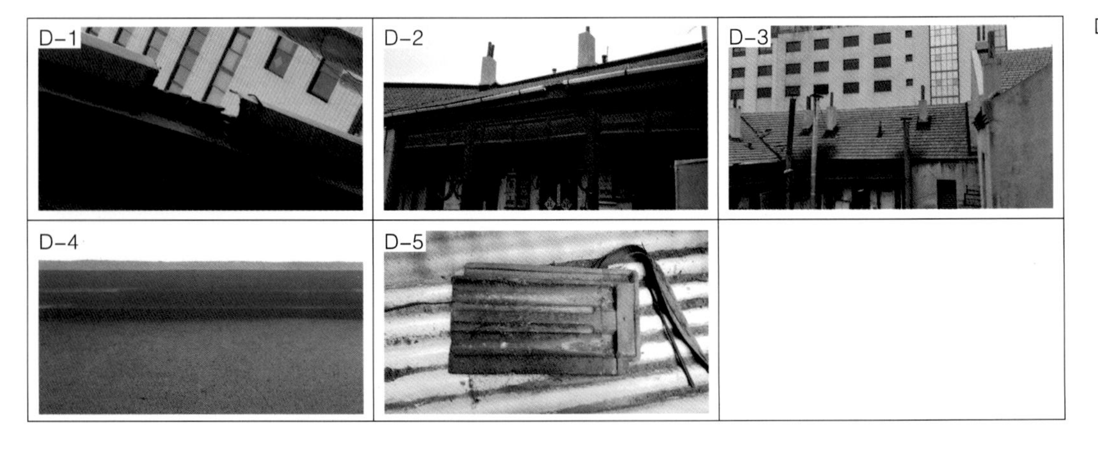

1.2.4.5　材料

E 材料与做法

E-19

E-23

竖砖缝尺寸 d=10mm

横砖缝尺寸 d=15mm

砖墙为三七墙砌法
构件尺寸详见 F 构件与细部

花岗石条石（上）外观
150mm × 1000mm

花岗石条石（中间块）外观
150mm × 300mm

砌缝宽度 d=20mm

花岗石条石（长）外观
300mm × 1000mm

E-17

E-16

花岗石条石墙基一般高度小于 1300mm，宽度据墙厚而定。一般有两类砌法，一为长型条石规则砌筑，二为不规则毛石砌筑，且只围绕建筑外轮廓布置。

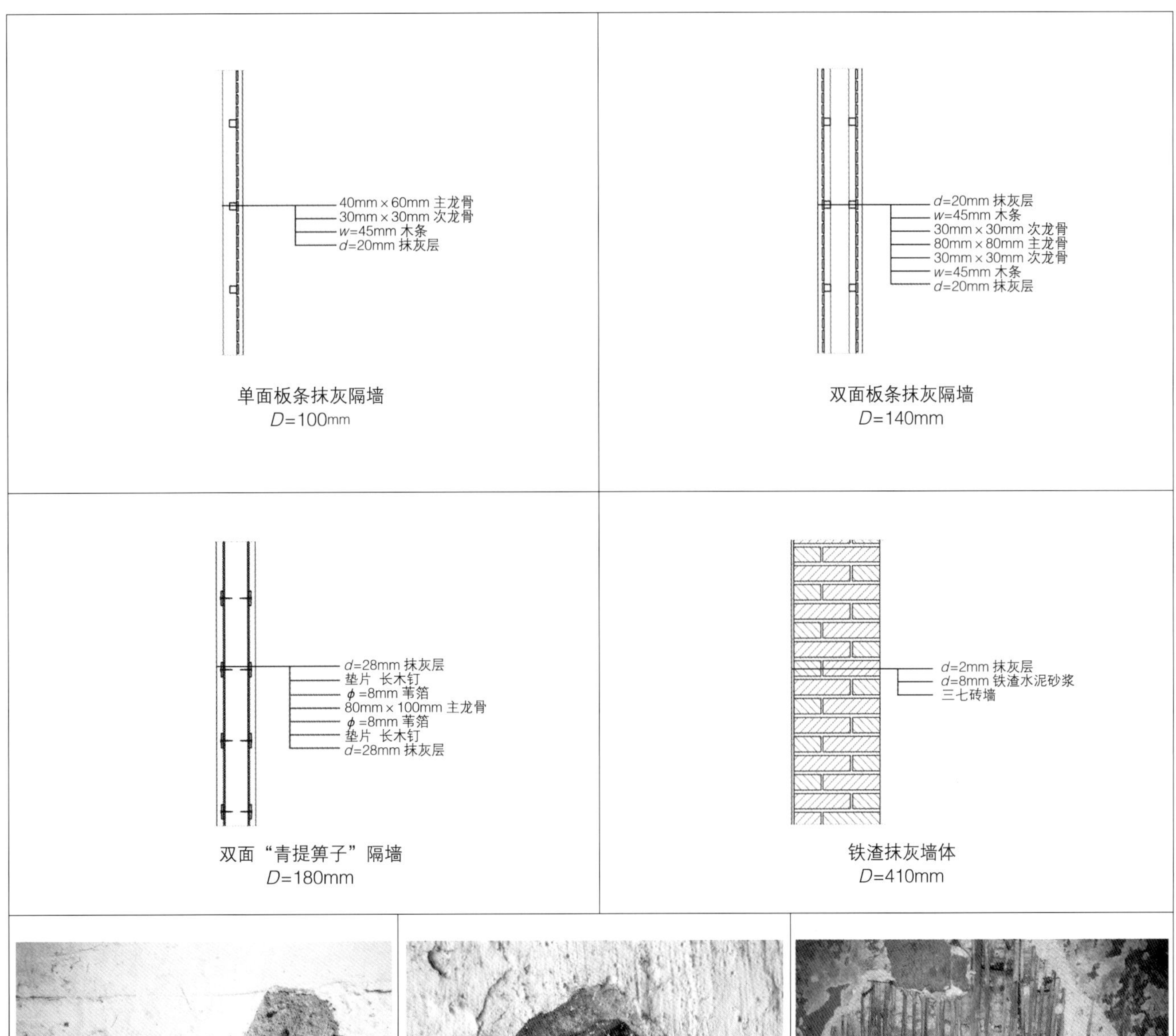

单面板条抹灰隔墙
D=100mm

双面板条抹灰隔墙
D=140mm

双面“青提箅子”隔墙
D=180mm

铁渣抹灰墙体
D=410mm

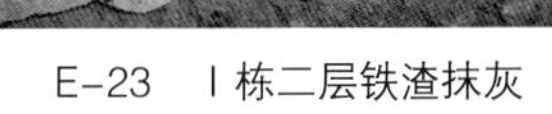

E-23 I栋二层铁渣抹灰

青提箅子墙体(破损)

板条抹灰/麻刀抹灰?(破损)

1.2.4.6　构件

F-1 F-2 F-3 F-4 F-5 F-6 F-7 F-8 F-9 F-10

F 构件与细部

宽红砖，里院建筑
主要建材之一
65mm × 120mm × 250mm
我国通用砖块规格
55mm × 115mm × 240mm
窄砖，里院建筑
建材之一
50mm × 120mm × 250mm
多孔黏土砖
60mm × 115mm × 240mm
水磨石地面砖
50mm × 400mm × 400mm
45mm × 300mm × 300mm
花岗石石条
多用做墙基与铺地
300mm × 320mm × 1000mm

1.2.4.7 空间秩序

H 空间秩序

室内为极其狭长的空间效果，由于层高的差异，光线也在逐渐变化，在公共空间中越靠下的楼层，光线也就越昏暗。楼梯间中漏窗的出现，为并不生动的直筒带来一些光线的变化。

一些明显的痕迹能看出房屋被改动过。

居民将共用的廊道封闭，变成自家可使用的空间，使原本承担公共交通属性的走廊成为摆设。

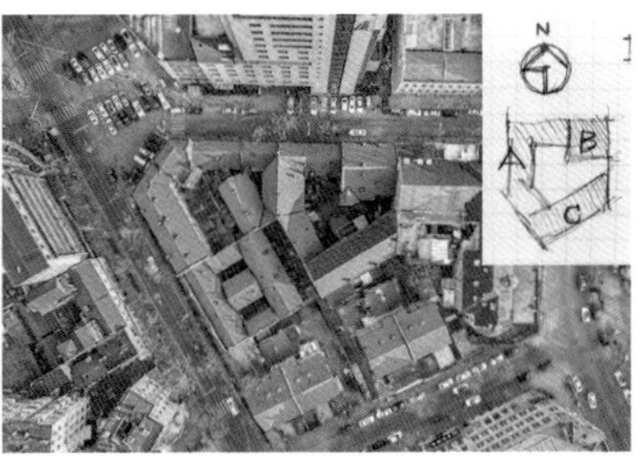

典型的口字形里院，围合式的院落空间形式，所以东、西方向的房间接收不到南、北方向的阳光照射。里院之间通过隔墙紧密相连，部分房间采光严重不足。

建筑内部划分不合理导致无穷无尽的黑走廊，白天也像黑夜一般。

对于建筑空间形态，里院的“院”就是核心共享空间，是融自然、文化、活动于一体的枢纽。

千差万别的里院却都依旧遵循着传统生活的开放空间（院）—半开放空间（连廊）—私密空间（户内）的层层递进，进而相互渗透的空间层次关系。

楼梯的形式极大丰富了院落内部的空间，在连接上下楼层的同时也丰富了居民的空间体验。楼梯的休息平台能够形成休息交流的空间，人们在这里汇聚交谈，邻里关系得到加强。

室内为极其狭长的空间效果，由于层高的差异，光线也在逐渐变化，在公共空间中越靠下的楼层，光线也就越昏暗。楼梯间中漏窗的出现，为并不生动的直筒带来一些光线的变化。

四处乱搭的管线让原本空旷的天空变得拥挤起来。

院落空间也因为这些随意搭建的管道、管线而被侵占。

在室内，各种管线随意沿墙乱走，空调外挂机也随意挂在立面上。

空间形态方面，里院建筑本身窄小、拥挤，不能满足居民的正常生活需求。居民为了家庭的需要私建临时、违章建筑，任意出挑房间，严重地破坏了内院的空间和环境。

由于室内拥挤，但层高却比较高，于是吊铺成为常态。

组图中最左、最右图：拱形的门廊让人在半开放空间下有别样的体验。组图中中间 2 图：拥挤之处，不光是水平面。连廊道的垂直面也成了空间利用的“好地方”。走廊变成不能停留只能快速通过的地方。

1.2.4.8 其他

I 其他

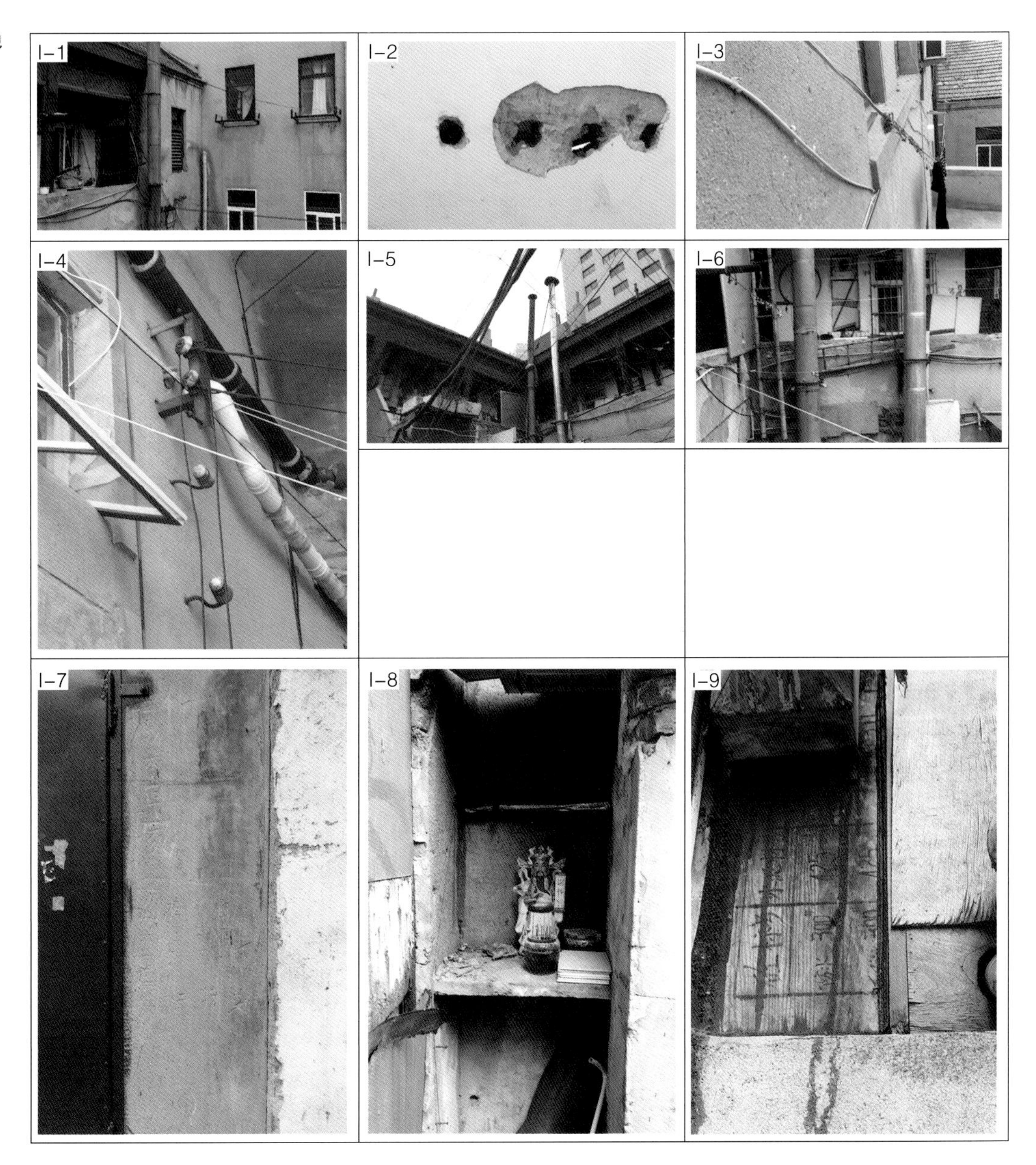

1.2.4.9 加建

G 加建

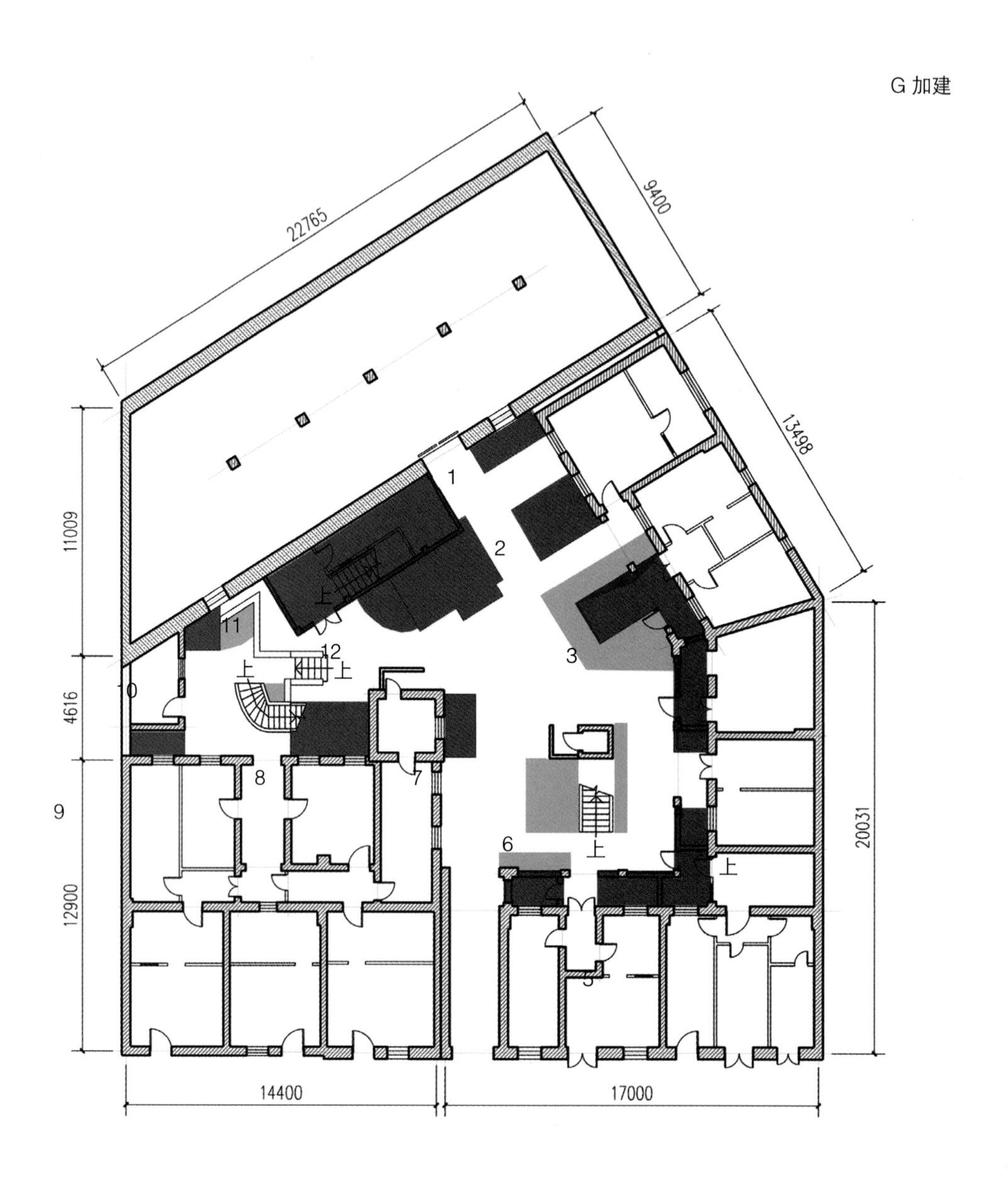

1:200 现状一层平面

加建编号	加建说明	实景照片	加建编号	加建说明	实景照片
1	墙体材料： 青砖 + 外墙抹灰 屋顶： 碎瓦 + 混凝土坡顶 高度：3 ~ 4m 进入方式：室外 功能：置物		7	墙体材料：彩钢板 屋顶：彩钢瓦 高度：2.1 ~ 3m 进入方式：室外 功能：置物	
2	墙体材料： 青砖 + 外墙抹灰 屋顶：彩钢瓦 高度：3 ~ 4m 进入方式：室外 功能：置物		8	加建形式： 木楼梯与旧有的石楼梯拼接，楼梯下部用木板搭建起棚子，用于地下室入口	
3	墙体材料：彩钢板 屋顶：彩钢瓦 高度：2.5 ~ 3m 进入方式：室外 功能：置物		9	墙体材料：彩钢板 屋顶：彩钢瓦 高度：2.5m 进入方式：室外 功能：居住	
4	墙体材料：玻璃 高度：与一层廊道同高 进入方式：室外、室内 功能：扩大入口 + 置物 说明：加建方式是将一层走廊部分用玻璃围起来占为己用		10	墙体材料：红砖 屋顶：彩钢瓦 高度：2.5m 进入方式：室外 功能：置物居住	
5	墙体材料：彩钢板 屋顶：彩钢瓦 高度：2.5 ~ 3m 进入方式：室外 功能：餐厅后厨		11	墙体材料： 红砖 + 混凝土 + 抹灰 加建形式： 在原本的室外楼梯增建墙体围合	
6	加建形式： 悬挂的塑料棚起到遮阳挡雨的作用，棚下放置厨房用具和进行备餐等活动 高度：2.5m 进入方式：开敞 功能：餐厅后厨		12	墙体材料：红砖 屋顶：彩钢瓦 高度：2.1 ~ 3m 进入方式：室外 功能：置物	

1.2.5 分栋器物点

器物点	照片
楼梯	
门	墙体材料
窗	檐口
屋顶	烟囱　楼板
细部构件	

器物点
照片
楼梯
门
窗
屋顶
榫卯连接处
细部构件

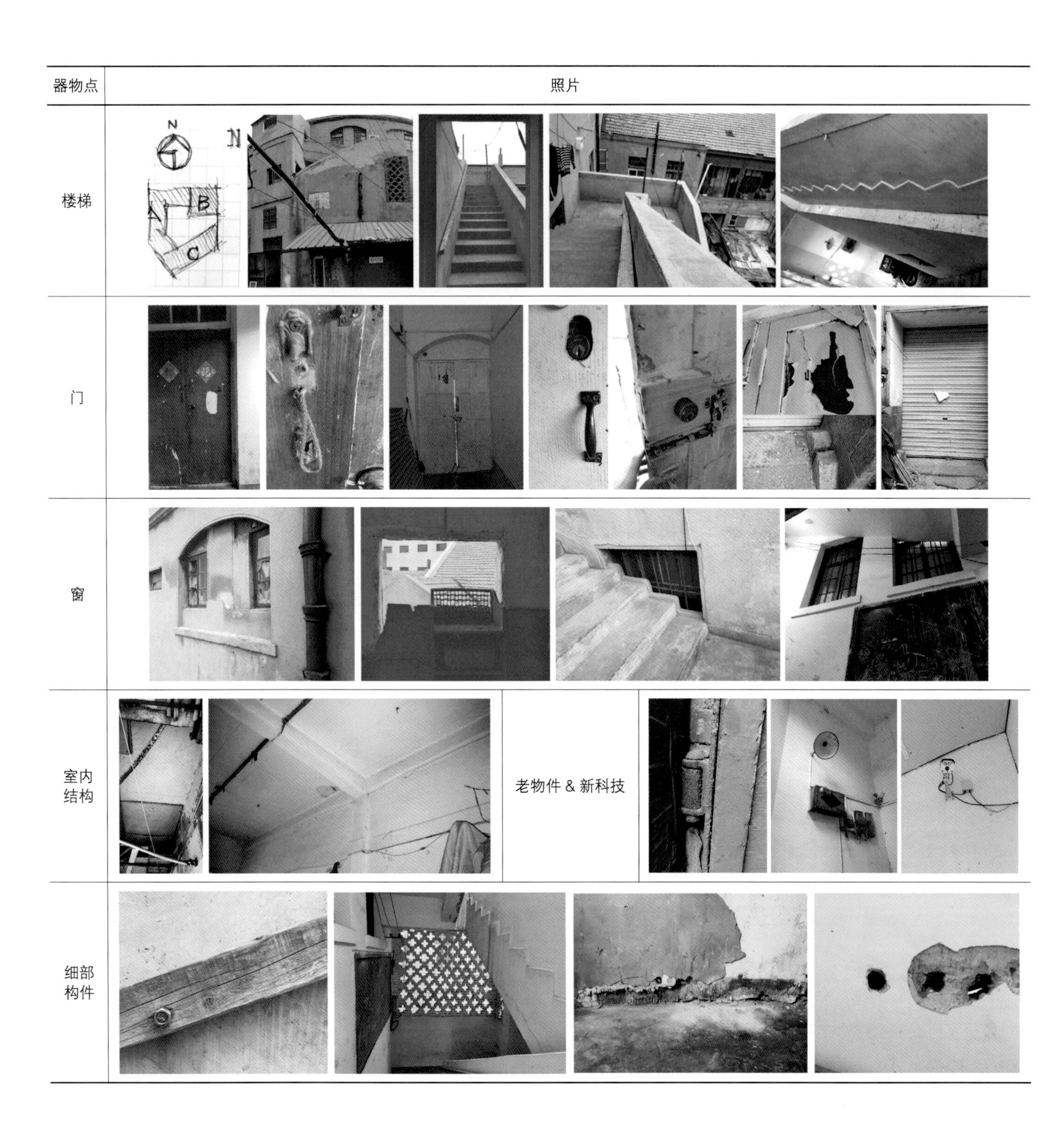
器物点
照片
楼梯
N
A
B
C
门
窗
室内结构
老物件 & 新科技
细部构件

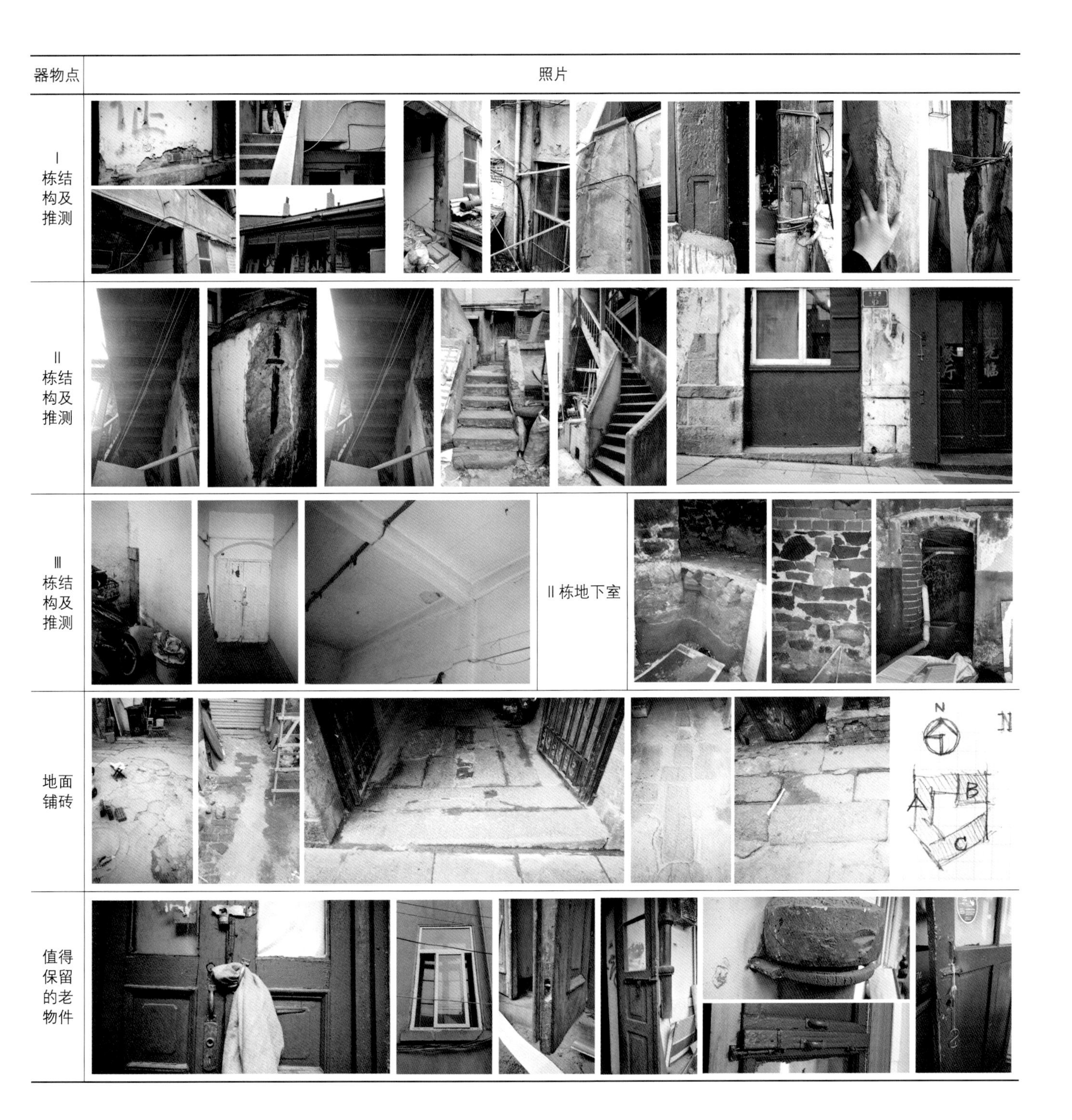
器物点
照片
Ⅰ栋结构及推测
Ⅱ栋结构及推测
Ⅲ栋结构及推测
Ⅱ栋地下室
地面铺砖
N
A
B
C
值得保留的老物件

1.3 价值评估

1.3.1 基础价值

1.3.1.1 历史价值

历史价值	评估结果	
青岛里院的建筑形式记录了青岛的历史	德占时期 1898-1914 日本第一次占领时期 1914-1922	1. 1897 年青岛沦为德国殖民地。德国殖民者在殖民期间制定了两次城市规划。 （1）1900 年城市总体规划 本次规划奠定了青岛未来 100 多年的城市基本格局。德国人因地制宜，充分结合青岛自然地形、地貌的规划手法有别于中国传统的经纬棋盘式路网格局。另外，城市的功能分区决定了城市鲜明的特征。里院的街区布局也是在此次规划的基础上形成的。 （2）1910 年青岛的城市规划（又称“扩大规划”） 在 1910 年之后，随着城市规模的扩大和日渐增多的新移民，德国殖民政府改华欧分居为华欧混居。并将界内的九个分区合并为四个区，分别是青岛区、大鲍岛区、台东镇、台西镇。到 1914 年，青岛已经形成了“红色的瓦屋顶、黄色的拉毛墙、老虎窗以及粗犷的石材基”的近代城市风貌，完成了“城市道路、城市分区、给排水系统、公共建筑等”的近代城市规划的实施。图中可以清晰地看到当时中山路中两侧的里院已经初具规模
	北洋政府和国民政府 第一次统治时期 1922-1937	2. 日本占领时期，日本殖民者为了更便于掠夺中国的资源，主要建筑活动为建设为军事服务的房屋和住宅，并对港口、道路等进行较大的投资建设
	日本第二次占领时期 1938-1945	3. 国民政府统治时期，城市建设仅限于恢复因战事毁坏的部分
	国民政府 第二次统治时期 1945-1949	4. 20 世纪二三十年代的合院式住宅街区 又被称为“街里”、“里院”、“大院”，翻遍《胶澳志》，在“商业”和“市厚”章节中还没出现这些称谓。德国占领青岛之后，该形式最初在大鲍岛区、后来在台东镇和台西镇出现。随着数量的增多，到了 20 世纪 30 年代，青岛形成了规模庞大的合院式住宅街区，即里院街区。 青岛的里院街区规划形态属于西方式的规划模式，但是其每个单体的设计，尤其是院落的设计却兼有东西方特点，确切地说是东西方两种空间的混合类型
		总结：里院住宅在其产生和发展的过程中潜移默化地影响着市民的生活形态，对近代青岛市民的社会文化、价值观念、社会人格都产生了重要的影响，它涵盖了青岛普通市民的生活，也凝结了他们的各种情结。 里院建筑是一种中西兼容的特殊建筑形态，是青岛特有的一种住宅形式，是中西近现代民居建筑文化结合的见证，是反映青岛近现代历史与文化传统的重要载体，更是青岛这座滨海城市具有代表性的民居建筑

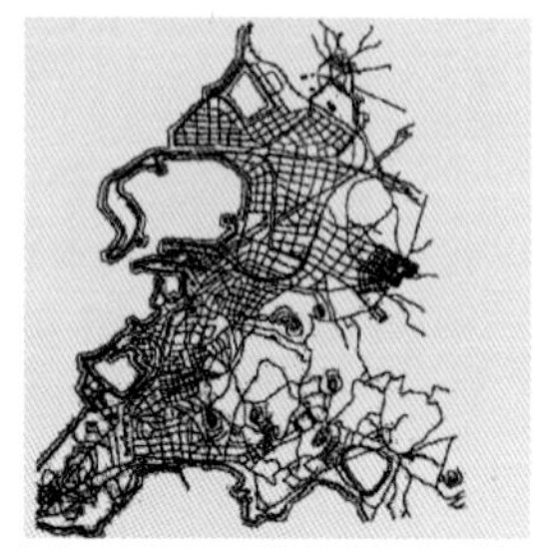

1910 年青岛扩大规划
《中国近代建筑总览——青岛篇》

1913 年青岛全图
《青岛历史建筑 1891—1949》

<table>
<tr><th rowspan="2">历史价值</th><th colspan="2">评估结果</th></tr>
<tr><th>建筑师</th><th>历史背景</th></tr>
<tr><td rowspan="2">代表国民政府统治时期已有执业建筑师</td>
<td>王德昌
在青作品：
湖南路39号东莱银行旧址修缮工程，1934年。
恒山路5号姜如心医生住宅，1935年（一说设计者为顾让全）。
生平：1934年，在修缮图纸上有建筑师王德昌的名字。王德昌在青岛进行了执业登记。《青岛指南》里所注其办公地址和住址分别为广西路20号和龙山路新6号</td>
<td>1922年，国民政府收回青岛主权后，行政逐成体系，其中工务局也经历了从工程处到工程课、工程事务所再到1929年设置为工务局的改组过程。工务局负责公共建筑的建造、制定建筑规则、监管民间建筑机构和人员等相关职能。
工务局有规定："故建筑住宅者，必须委托建筑师，按照工务局建筑规则，绘具图样，附加说明，呈请工务局核准，领取营造执照后，始准动工。且建筑期间，以前须分期呈请工务局派员查勘，现由业主自行聘请建筑师负责监工，故市民建筑必须聘定建筑师负责办理建筑上一切事宜。"
1933年的《青岛指南》列出了31位执业建筑师，如本地的刘铨法、王德昌、徐垚、许守忠、王枚生，异地的董大酉、苏夏轩、罗邦杰、陆谦受，还有外籍建筑师拉夫林且夫和毕娄哈。其中王德昌是大沽路四号院的登记执业建筑师。

在中国漫长的古代建筑史中，一直没有"建筑师"这个职业，从设计到建造都是工匠之范畴。工务局的报建制度里，最初就没有对设计者的要求——换言之就是没有重视。在建筑申报的图纸里，往往可以追寻到业主的踪迹，却不一定有建筑师的注脚。而建筑师们的努力建树，恰巧也是自身发展的最佳推动。正因为建筑工程进步，令规范建筑行业成为迫切的需要，前无可鉴之史的工务局才会不断探索改进建筑法规。从"零"到设立建筑师登记制度，是建筑师区别于土木工程师，真正正名的质的飞跃</td></tr>
<tr><td>杨仲翘
日本占领时期的青岛临时注册技师（1943）
大沽路4号增筑三层楼房登记技师</td>
<td>青岛临时注册技师（包括技副）一览表（1943）
<table>
<tr><th>姓名</th><th>技师或技副</th><th>住址</th><th>注册号数</th><th>姓名</th><th>技师或技副</th><th>住址</th><th>注册号数</th></tr>
<tr><td>王锡波</td><td>技师</td><td>莱芜二路24号</td><td>1</td><td>长冈平藏</td><td>技师</td><td>沧口路61号</td><td>8</td></tr>
<tr><td>赵庭桢</td><td>技副</td><td>莱芜二路28号</td><td>2</td><td>松本敦史</td><td>技副</td><td>蒲台路19号</td><td>14</td></tr>
<tr><td>郭鸿文</td><td>技师</td><td>定陶路14号</td><td>4</td><td>松本次一</td><td>技副</td><td>山东路112号</td><td>16</td></tr>
<tr><td>刘铨法</td><td>技师</td><td>武定路9号</td><td>5</td><td>南喜巧</td><td>技师</td><td>冠县路112号</td><td>19</td></tr>
<tr><td>曲庚新</td><td>技师</td><td>泰山路116号</td><td>6</td><td>丸山信</td><td>技副</td><td>广西路51号</td><td>22</td></tr>
<tr><td>王屏藩</td><td>技副</td><td>定陶路14号</td><td>9</td><td>鹤田胜次郎</td><td>技副</td><td>广东路35号</td><td>24</td></tr>
<tr><td>王翰</td><td>技副</td><td>昌邑路5号</td><td>10</td><td>伊东实政</td><td>技副</td><td>泰山路68号</td><td>25</td></tr>
<tr><td>潘荆三</td><td>技副</td><td>大沽路38号</td><td>11</td><td>木舟亨</td><td>技师</td><td>益都路138号</td><td>26</td></tr>
<tr><td>杨仲翘</td><td>技副</td><td>北京路34号</td><td>13</td><td>监川满明</td><td>技副</td><td>德平路40号</td><td>27</td></tr>
<tr><td>邹仁义</td><td>技副</td><td>贵州路17号</td><td>15</td><td>铃木章三</td><td>技副</td><td>德平路40号</td><td>28</td></tr>
<tr><td>盖骏声</td><td>技师</td><td>热河路10号</td><td>18</td><td>服部实</td><td>技副</td><td>德平路40号</td><td>29</td></tr>
<tr><td>赵子仁</td><td>技副</td><td>贵州路17号</td><td>21</td><td>宇田时之助</td><td>技副</td><td>德平路40号</td><td>30</td></tr>
<tr><td>乐子镶</td><td>技副</td><td>福建路12号</td><td>23</td><td>矢口繁雄</td><td>技副</td><td>乐陵路32号</td><td>31</td></tr>
<tr><td>周金田</td><td>技副</td><td>兴亚路2号</td><td>34</td><td>松尾原三</td><td>技副</td><td>东波路31号</td><td>32</td></tr>
<tr><td>周翱</td><td>技师</td><td>江苏路28号</td><td>35</td><td>上野保</td><td>技副</td><td>黄台路49号</td><td>33</td></tr>
<tr><td>于鸿三</td><td>技师</td><td>胶东路20号</td><td>36</td><td>甲斐孝行</td><td>技副</td><td>奉天路213号</td><td>42</td></tr>
<tr><td>翟克振</td><td>技副</td><td>山东路91号</td><td>37</td><td>齐藤文夫</td><td>技副</td><td>奉天路213号</td><td>43</td></tr>
<tr><td>宫树礼</td><td>技副</td><td>信号山路11号</td><td>38</td><td>野口健一</td><td>技师</td><td>恩县路18号</td><td>44</td></tr>
<tr><td>李玉</td><td>技副</td><td>奉化路</td><td>39</td><td>中里稔</td><td>技副</td><td>胶州路4号</td><td>45</td></tr>
<tr><td>王泽纯</td><td>技副</td><td>江苏路41号</td><td>40</td><td>大国千贤藏</td><td>技副</td><td>江苏路65号</td><td>46</td></tr>
<tr><td>叶仁溥</td><td>技师</td><td>上海路礼贤中学</td><td>41</td><td>木村正夫</td><td>技副</td><td>上海路60号</td><td>47</td></tr>
<tr><td>邹国顺</td><td>技师</td><td>沾化路3号</td><td>48</td><td>山元繁</td><td>技副</td><td>奉天路213号</td><td>52</td></tr>
<tr><td>孙敏功</td><td>技副</td><td>姜沟路18号</td><td>49</td><td>铃木邦武</td><td>技副</td><td>奉天路213号</td><td>53</td></tr>
<tr><td>黄佳模</td><td>技副</td><td>龙山路4号</td><td>50</td><td>出口久作</td><td>技副</td><td>浙江路18号</td><td>20</td></tr>
<tr><td>陈良培</td><td>技副</td><td>江苏路67号</td><td>51</td><td></td><td></td><td></td><td></td></tr>
<tr><td>赵诗麟</td><td>技副</td><td>胶州路67号</td><td>54</td><td></td><td></td><td></td><td></td></tr>
<tr><td>毕娄哈</td><td>技师</td><td>太平路13号</td><td>3</td><td></td><td></td><td></td><td></td></tr>
<tr><td>怕士润夫</td><td>技师</td><td>正阳关路1号</td><td>7</td><td></td><td></td><td></td><td></td></tr>
<tr><td>尤力甫</td><td>技副</td><td>栖霞路5号</td><td>12</td><td></td><td></td><td></td><td></td></tr>
<tr><td>翟德尔</td><td>技副</td><td>汶上路12号</td><td>17</td><td></td><td></td><td></td><td></td></tr>
</table></td></tr>
</table>

历史价值	评估结果	
记录中国营造厂的发展	根据1947年的青岛市建筑工业同业工会会员名册显示，青岛市登记过的中国营造厂曾有118家，当时尚在营业者有109家，均从事土木建筑业。根据1945年青岛市的日方营造业调查报告书显示，日本投降之前在青岛有11家从事土木建筑业的营造厂	青岛民国时期营造商名录 1. **陶馥记营造厂**　由江苏南通人陶桂林于1922年创立的陶馥记营造厂，是近代上海乃至中国最大的建筑企业，当时的陶桂林与哈同、周湘云并称上海三大地产风云人物。陶馥记于1927年承接了广州中山纪念堂工程，名声大噪，后又与多位著名民国建筑师合作，成就了一段建筑传奇。 在青作品：青岛船坞，1932～1934年。 青岛体育场（运动场看台和跑道工程），1932～1933年。 2. **新慎记营造厂**　创始人马铭梁祖籍浙江宁波，是近代青岛最早的华人建筑商，于1919年创立了新慎记营造厂，办公地址在西康路6号甲。马铭梁则住在金口二路4号的私宅。 在青作品：大学路14号中国银行员工宿舍，1932～1934年。 陆银行旧址，1933～1934年。 正阳关路36号义聚合钱庄别墅，1942年。 3. **（上海）申泰营造厂**　创始人钱维之原为前清秀才，江苏吴县人，19世纪末弃文从商，创办了申泰营造厂，到1900年时已经成为京津一带有名的建筑商。1920年，钱维之回沪筹办了振苏砖瓦厂，聘请德国技师以形成质量竞争力，依此又成立了上海申泰兴记营造厂。1926年，钱维之去世后，振苏由次子钱郁如继承，申泰由三子钱馨如继承，继续发扬光大。后来，钱郁如参与筹建了上海市砖瓦灰石业同业公会，钱馨如则加入了中国营造学社。 在青作品：中国实业银行青岛分行，1932～1934年。 4. **北平恒信营造厂**　**业主张杰臣** 在青作品：湛山寺第一期、第二期工程。 5. **美化营造厂**　**建筑师王枚生自办的营造厂** 在青作品：兰山路1号礼堂，1934～1935年。 湛山寺第三期工程。 6. **公和兴营造厂** 在青作品：中山路68号上海商业储蓄银行分行，1934年。 鱼山路37号红“卍”字会（红十字会），1934年。 7. **天泰兴营造厂（大沽路4号院登记营造厂）** 在青作品：青岛第一体育场（自来水管和下水道工程），1932～1933年。 8. **华丰恒营造厂** 在青作品：青岛第一体育场（大门工程），1932～1933年 9. **鸿记义合工场** 在青作品：水族馆，1930～1932年。 10. **联益建业华行** 青岛民国时期有名的建筑事务所，主要设计师有许守忠、叶奎书、蒋振南等。 在青作品：河南路13号中国实业银行青岛分行，1932年。 中山路149号国货股份，1933年。 湛山寺部分工程。 11. **茂康建筑事务所** 在青作品：山海关路5号，1934年

历史价值	评估结果
青岛里院是中国近代建筑转型大趋势下的一个典型实例	青岛的外来建筑是伴随着现代化机制的全面输入而产生的，这是一种强制性的楔入。从这一阶段青岛主体而言，这种强制性的楔入，并无转型而言。不仅如此，它还带来了很强的排他性，中华文化长期处于这一强势中心的边缘。但是德租时期，中国社区的建筑却是以中国人生活习惯为基础，其居住模式表现了中心融和的特色，其转变的轨迹比较清晰。德租之后，青岛建筑风格才呈现出了诸多建筑文化的全面融和。青岛近代建筑的实质是在外来强势文化为主体的强制性楔入条件下的逐步同化、融和。中国建筑文化在这一“转型”的过程中呈现出了很大程度的突变和断裂 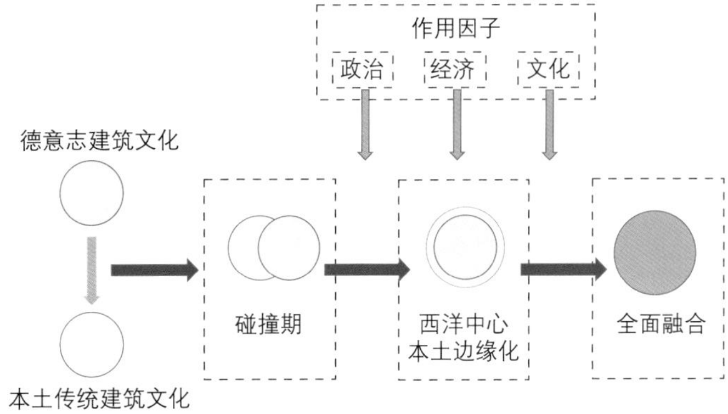 作用因子 政治 经济 文化 德意志建筑文化 本土传统建筑文化 碰撞期 西洋中心 本土边缘化 全面融合
里院反映中国传统建筑的复兴思潮	20 世纪 20 年代末，中国民族主义情绪高涨，竭力提倡“中国本位”、“民族本位”。这种社会思潮反映在中国建筑师身上就是对中国传统建筑形式的重新肯定，在建筑设计中倡导“中国固有的形式”。这股思潮对住宅的影响并不大，只是在建筑细部、庭院设计、室内装饰设计中体现出一些传统的要素

1.3.1.2　科学价值

科学价值	评估结果	
建造的技术	基础	以大乱石及打洋灰共寸法照图面依行打洋灰铺
	墙体砌筑	大沽路 4 号建筑是民居，墙体结构简单、承载力低。墙体用石质砌到一定高度后，再用砖砌筑墙体。建筑结构以砖木和钢筋混凝土为主。墙体为青岛赤烧红砖砌筑，使用砂子石灰调和来巩固墙体
	墙体装饰	建筑物外墙以混合砂浆饰面，外墙饰黄浆。采用不加修饰的天然石材、卵石砌于山墙檐部主要入口
	屋盖施工	红瓦屋顶
	屋顶的保暖处理	木结构屋盖，采用木屋架下面间隔铺钉木椽，将灰板条离缝钉在木椽上，抹麻刀灰，然后用细砂灰浆抹光，成为天棚保温
	防水处理	在木巴板上压茬铺置油毛毡一层防水，瓦面排水

科学价值		评估结果
建造材料	石材	青岛建筑中材料的使用与青岛的地质特点密不可分。早在《胶澳志·沿革志·方舆志五》中就讲过“胶澳区内多冈陵而少原隰。据德国地质学者所考察，谓其地质多由于花岗石及片磨岩而组成，并含有石灰岩及沙岩……”青岛地区其实是个火成岩区，主要岩石是花岗石，石料产量丰富，质感优美，给青岛建筑提供了丰富的天然石材，而且取材方便，在市区山岭浅浅的地表土层下面既可找到
	砖	德租时期，建筑用砖量巨大，德国人遂开设了砖窑厂，这也是青岛最早的建筑工业。胶澳地区在建置之初生产陶器砖瓦的历史，在《胶澳志》上有如下记载“胶澳区内各处含有黏土陶土宜于陶器及于砖瓦之制造。”至于真正的窑厂则是德国人在孤山、沙岭庄设置的两处窑厂。同时期，在大鲍岛以北今大窑沟、台西一带也修筑了砖瓦窑
设计方法	气候	《胶澳志·方舆志·气候》载青岛市“为海洋气候，吸热缓而退冷亦缓，冬有暖流之灌溉，夏有凉风之鼓荡，故寒暖均不甚烈”，“青岛市三面环海气候极佳，日暖风和实为良港，但出中区至内地则为大陆气候，故寒暖之差极大”。总体而言，青岛城市气候具有春迟、夏凉、秋爽、冬长而适宜居住的特征。这影响到城市空间与建筑布局，建筑多开敞通风，纳阳面海
	适应城市肌理的建筑布局	德占时期的城区规划和市区建筑充分利用了青岛市区的丘陵地形，理智地选用了自由式布局，体现城市的自然态势和海边丘陵城市的特点。道路形态顺山依势，顺坡就地，既有机地把各功能区加以串联，又使各功能区内形成自我协调的道路网结构，以适应不同区域的不同需求
	适应地形的建筑布局	基地东高西低，南高北低。4 号院中共有三栋建筑，每栋都平整的砌筑平台，在沿街立面上出现建筑与地形咬合，和顺坡势呈台阶状跌落的现象
	有传统特色的空间布局和细部处理	青岛里院的街区规划形态属于西方式的规划模式，但是其每个单体的设计，尤其院落的设计却兼有东西方建筑的特点，确切地说是两种空间的混合类型。 里院建筑是融东西方特点的特殊建筑形式，从总平面的布局来看，完全属于西方的布局形式，但是从内部流线组织及空间关系来看，与同时期柏林集合住宅建筑的空间并不相同。与柏林集合住宅相比，院落空间更加人性化，交往性更强。虽然房间有朝向上的不同，但是并没有呈现尊卑主次之分，而是均等布置。住宅是租赁性质，人员流动性强。共享空间更便于居民交流，但同时也给生活的私密性带来了干扰。 户型简单，多是单户单间的居室，偶有套间。一层为商业网点，直接对外。沿街有院门直通院内。楼梯设置在院落之中，充分发挥内院交往空间的作用。卫生间，水房在角落单独设置，无厨房。内院插建辅助用房，用作储存或厨房之用。公共水龙头置于院中心。由于有地势高差，利用踏步做成不同的层面，形成丰富的空间层次
	适应社会需求的空间分隔	德占青岛之后，作为港口城市的贸易优势与工业化发展吸引了大批失地农民进入城市工作、生活，城区人口迅速膨胀；同时，1911 年之后，随着封建帝制的崩溃，中国传统的大家庭面临解体，小规模家庭日渐增多，这些都成为推动房地产市场蓬勃发展的重要因素。房地产商人从政府手中购买地块，结合中国北方传统的院落式住宅格局，建造了大量两到三层商住两用的、院落式集群住宅以供应外来人口租住，称为“里院”。 里院与上流社会居住的庭院式建筑迥异，它是社会下层劳工汇集的集合住宅，兼有部分劳作、仓储、商店的功能，呈底商上住的合院模式，空间分隔琐碎、多样、狭小

1.3.1.3 艺术价值

<table>
<tr><th>艺术价值</th><th colspan="4">评估结果</th></tr>
<tr><td>造型</td><td colspan="4">发源于近代的里院式建筑空间是围合而不封闭，但建筑与建筑之间并不连续，各自相对独立，阳光、气流与视线可以从它们之间的空隙中穿过。同时，里院易产生高低错落、交相辉映的群体式建筑形象</td></tr>
<tr><td>空间</td><td colspan="4">里院内部的院落类似于中国传统的合院式建筑，自成天地，通过开放式的入口与外界相联系。由此形成的街道和街坊不但少有封闭感，而且还保留了传统城市空间的整体与邻里感，同时也基本适应城市生活对日照通风等卫生条件的要求</td></tr>
<tr><td rowspan="6">色彩与装饰</td><td>入口</td><td colspan="3">入口形式是券门，饰以线角，简洁干净。一层走廊也有券门的形式，增加了空间的情趣。券门顶部有用以强调识别性的顶部山花，门洞两侧有柱式</td></tr>
<tr><td rowspan="4">立面</td><td>山花</td><td>在屋顶处会设计打破水平线条的装饰性山花，用以调整节奏，控制比例</td><td rowspan="4">虽然建筑的立面，无论是设计的审美感受还是用材的考究程度，都远不如德制规划中青岛区内的公共建筑立面，但其又有明显的自身特征</td></tr>
<tr><td>石材</td><td>石材主要集中在底部，为了坚实基础，也使之产生稳重感</td></tr>
<tr><td>坡屋顶</td><td>单坡与双坡结合</td></tr>
<tr><td>砖墙</td><td>使用有青岛本地风格的红砖，带点西洋韵味</td></tr>
<tr><td>围廊细部构件</td><td colspan="3">里院住宅内部的围廊多用木材，涂以红色的油漆，色彩醒目。尤其是顶层回廊柱子端部的装饰，是中国传统的垂花形式。柱子之间是带有木质雕花的额枋，做工精致。中国传统风格在这些细部中表现得淋漓尽致</td></tr>
</table>

1.3.2 附属价值

<table>
<tr><th>附属价值</th><th colspan="3">评估结果</th></tr>
<tr><td>情感价值</td><td colspan="3">至 2016 年 3 月 9 日，除九龙餐厅和鞋店，其余住户均被迁走。无法直接调研 4 号院作为情感载体对 4 号院住户的价值，但通过对基地内其他老住户进行访问了解到老住户普遍不愿离开这个有几十年记忆的地方</td></tr>
<tr><td>使用价值</td><td colspan="3">Ⅲ 栋仍做居住使用，A、B 两栋仅一层沿街用作商铺，其他部分已被征收不做使用，但仍具有使用价值</td></tr>
<tr><td>年代价值</td><td colspan="3">建于北洋政府统治时期</td></tr>
<tr><td rowspan="10">物业价值</td><td>建筑本体的安全性</td><td colspan="2">里院仅有一个对外入口且有门禁，里院作为一个整体相对安全</td></tr>
<tr><td rowspan="7">配套设施的完整性质</td><td>水、电</td><td>具备</td></tr>
<tr><td>天然气</td><td>无天然气供应，使用煤炭做燃料</td></tr>
<tr><td>有线电视、电话</td><td>具备</td></tr>
<tr><td>宽带网络</td><td>具备</td></tr>
<tr><td>供暖</td><td>无集体供暖</td></tr>
<tr><td>雨水处理</td><td>不具备</td></tr>
<tr><td>污水处理</td><td>不具备</td></tr>
<tr><td>地理位置的优越性</td><td colspan="2">地处老城区，东临中山路这一青岛曾经最繁华的地段，南面沿海，生活方便，气候舒适</td></tr>
<tr><td>改造后的适用性</td><td colspan="2">内向型的院子容易形成社会凝聚力，适合所有热爱这座城市的人居住；
细碎的空间分隔适合需要租住房子的人，如游客或者暂无落脚处的“陌生人”可以以低廉的租金租到临时住所</td></tr>
</table>

1.3.3 青岛里院对现代建筑的启发

1.3.3.1 青岛里院与现代建筑的对比

项目	青岛里院	青岛现代居住建筑
空间体系	院落——连廊——房间	道路——居住套型
空间层次	开放——半开放——私密	开放——私密
管理方式	自适应性的自然生长	封闭管理
肌理、尺度	细腻、紧凑、步行尺度	松散或规整，车行尺度
道路系统	高密度，短街边，公共交通深入住区内部	低密度，长街边，住区内路网与公共交通不对接
功能布局	混合布局	空间分异
建筑布局	院落式	行列式为主
建筑材料	本土材料（砖、花岗石、木材）	当代建筑材料（混凝土、钢）
人口结构	多家庭网络	核心家庭
社会关系	多样化社区，熟人社会，自我生长，延续文脉	单一居住区功能，缺乏归属感和邻里交往机会

1.3.3.2 青岛里院对现代居住设计的启示

启示	说明
社区多样性促进邻里和谐	简·雅各布斯在《美国大城市的死与生》中指出：“多样性是城市的天性”。 人与人的活动汇聚了青岛里院昔日的繁华，同样在青岛现代居住的社区中，让功能、空间、阶层、人群等尽可能的复杂多样并相互支持，才能满足人们居住的物质与精神需求
人性化尺度营造社区归属感	青岛居民普遍接受的亲密交往圈的户数一般在30户左右，适宜户数为80～150户，在居民交往上，300人左右的人群规模可以做到彼此都不陌生，便于形成共同的“领域感”。 在空间尺度上，里院的“院”，介于南方天井高长尺度和北京四合院式宽敞尺度之间，里院高宽比D/H接近或多数略小于1，营造出被拥抱、被保护的亲切感，从而带来向心力和凝聚力，对于整个院落有监护作用，自然提升邻里亲和感和居住归属感。虽然现代居住区规划也能够反映出对院落内向性的向往，但规模过大，并没有继承院的优点。住宅楼更像被置放在开放的环境中，平行布局的高层板式住宅让邻里之间可望而不可及，封闭式的安保管理和单元楼也封闭了邻里交往的本质需求，失去了群众监督，反而纵容了犯罪行为，并未带来真正的安全感，自然也不会产生归属感
尊重自然，因地制宜生态发展	里院尊重自然地势处理房屋高差，围合自然空间，还原回自然被动式设计，让自然赋予建筑灵性。对于青岛丘陵地带的居住建筑设计，应因地制宜，如高差处理为跃层、阶梯、架空等多种形式丰富建筑空间，展现青岛原本地势特点，注重传承传统技艺，适当加入本土建筑材料提炼建筑特色

1.4 调研结论

1.4.1 矛盾与问题

1.4.1.1 空间形态

第一，里院建筑本身窄小、拥挤，不能满足居民的正常生活需求。

第二，居民为了家庭的需要私建临时、违章建筑，甚至有的居民在木楼板上建砌块墙，任意出挑房间，严重地破坏了内院的空间和环境。

第三，里院的建造时间一般在 20 世纪的二三十年代，迄今已近百年了。在建成后，建筑就常年缺乏必要的日常维护与修缮，里院的各组成部分基本都出现了很严重的老化问题，例如墙皮出现不同程度的脱落，楼板、栏板的砂浆松动、裂缝，钢筋外露、梁柱松动等等；院内木走廊和楼梯的木板材料老化、损坏，甚至有不同程度的腐烂，情况已经相当严重，随时可能出现坍塌的危险；有些居民对其进行了简单的修补，但是其危险性依然存在；有些院落建筑局部的挂瓦已经脱落，有些墙体也出现了不同程度的裂缝。

第四，有些居民为了房屋能够通风采光，在建筑立面上随意开窗，或是对原有窗户样式随意改变，破坏了里院建筑风貌的协调，严重影响了老城区的整体空间形态。

1.4.1.2 建筑平面布局

里院建筑是围合式的院落空间形式，在东、西方向的房间接收不到南、北方向的阳光照射。里院之间通过隔墙紧密相连，部分房间采光不足，无法满足正常的通风采光。里院内的所有房间朝向内院，使房间的私密性降低。平均每个房间的面积只有不到 20m^2，空间狭小、拥挤，无法满足居民的正常生活。

1.4.1.3 居住配套设施

里院建筑内部配套设施稀缺、陈旧，居民共用公共卫生间和水龙头，没有独立厨房。里院建筑缺乏无障碍设计，没有固定的上下水管道和暖气管道，没有现代化管网布局。需要解决：屋顶保温、防水、通风、木桁架的老化残损，厨房卫生间等需要排气、排水的建筑设备，墙体的保温隔热防潮，门窗的防风隔声，低层住宅的采光等问题。

1.4.1.4 其他

生活在里院建筑内的居民大多数是外来的务工人员，人口结构复杂，给正常的管理带来很大的困难。里院建筑中人口密度大，消防疏散不能满足现代化要求，存在安全隐患，人口流动性增加，往日邻里和睦、友好的“里院文化”已不见踪影。

1.4.2 可行解决措施态度与原则

1.4.2.1 修缮

①加固：将粘结材料有组织地注入里院建筑内部或对里院局部施加支撑构件，以保证里院建筑结构的稳定、坚固和完整。

②适宜的使用：在其建筑结构限制范围内自由而富有创造性的功能置换再利用。

1.4.2.2 改善

主要是在不改变外观特征的前提下，对青岛里院进行调整、完善内部格局及设施的建设活动，包括结构、空间布局、内部设施、使用功能的变动，以提高居民生活的质量。

①加层：获取更大的里院内部使用空间

②加天窗与采光天井：由于进深大，采光差，为了改善生活卫生条件，需要在屋顶开设天窗，以便增加采光面积。

③改造水电系统：因建造时间较早，原有水电系统已经成为不安全因素，重新改造、梳理水电系统，增加安全性与便利性。

④增设厨卫与庭院空间：为解决里院公共设施及卫生设施相对落后的状况，引入现代厨卫设施是势在必行的。另外在改造过程中，引入庭院景观，以改善原先封闭狭小的空间。

1.4.2.3 里院拆除物利用

里院的拆除物除了腐朽的木材、粉灰、垃圾等不可再生部分外，大部分都可以重新应用于建筑、装饰与修缮，拆除的构件如：瓦、砖、石（柱基）、木（梁架）、五金等。这些均具有文物价值。

1.4.2.4 特殊技术措施

①里院建筑节能更新：由于青岛里院产生与形成的原因，青岛里院在建造时一般都没有采取节能措施，所以青岛里院可以叫做非节能建筑，甚至是高耗能建筑。因此，传承和发扬青岛里院的历史风貌与文化传统就必须与时俱进，对其进行节能改造。青岛里院的节能措施以外墙、屋顶及门窗为改造重点。屋面：瓦屋加保温层、保温吊顶，平屋顶保温板隔热层；外墙：外墙外加保温砂浆、保温板，外墙内更换为保温板层；门窗：加换节能门窗，玻璃更换为中空双层玻璃等等。

②特殊技术措施：在青岛里院的整饰与修缮过程中，需要采用特殊的现代技术手段，例如：结构加固、消防措施、避雷及无障碍设施等。青岛里院几乎全部为历史建筑，都有着近百年的历史，普遍存在架构松动、老化，消防设施没有或不完善，基本没有避雷设施与无障碍设施。

1.4.3 态度与原则

1898 年 10 月 11 日，德国当局颁行《胶澳总督辖区城市设施建设临时管理条例》，对建筑样式、密度和容积率作出了明确的规定。所有里院建筑都必须按照法规进行建造。规定建筑物高度不得超过 18 米，层数在 3 层以下，建筑占地面积不超过基地面积的三分之二，相邻房屋距离大于等于 3 米，开窗墙面间距至少 4 米，并且市内不允许办工业。这样才造就了现在青岛的城市肌理与里院风貌。

1.4.3.1 延续历史风貌

里院建筑作为青岛历史街区的重要组成部分，对街区的整体风貌有很大的影响。在里院建筑的更新改造过程中要把与整体风貌相协调作为出发点，以单体里院建筑的保护更新作为切入点，汲取历史建筑的文化精髓，延续历史街区的历史文化脉络，维持青岛建筑的地域性特征。

1.4.3.2 动态保护

里院建筑的居住条件无法满足现代生活的需求，必须采用动态的保护原则，在保护里院建筑整体风貌的前提下，通过适当的更新改造来满足现代化需求。并以可持续发展的眼光看待里院建筑的保护与更新，将老建筑注入现代化的血液，使其在保护的前提下合理有效地被利用。

1.4.3.3 以人为本

以人为本就是在建筑的更新改造过程中，以居民服务为出发点，在尊重居民的行为方式的前提下，努力提高居民的生活条件和生活品质。里院建筑的保护不仅是政府和社会的责任，更要发挥居民的积极性，提高居民保护和更新历史建筑的意识。同时，里院建筑的更新要能够反映街区和使用者的需求。

1.4.3.4 多样化更新

由于建筑的位置、环境、功能、地形、现状不同，保护与更新的模式应该体现多元性。在对里院建筑单体的保护与更新过程中要结合原有建筑的现状情况，采取适宜的保护与更新模式。

1.4.4 再生设计

1.4.4.1 需要解决的问题

1. 立面

随着时间更迭及住户的随意改造，立面或多或少出现了破损及脱落的情况。

（1）沿街与沿河立面部分门窗受损，墙壁粉刷有脱落。

（2）立面元素没有进行有条理的组织，整体性不强，略显混乱。

（3）立面出入口过多。

（4）落水管外露于墙面，不够美观。

（5）烟囱肆意摆放，没有条理性。

（6）空调挂机随意安放，整体凌乱。

（7）居民为了房屋能够通风采光，在建筑立面上随意开窗，或是对原有窗户样式随意改变，破坏了里院建筑风貌的协调，严重影响了老城区的整体空间形态。

2. 空间

疏散功能不满足要求，室内及院落空间局促，肆意加建，朝向和高度与所需功能不符。

（1）疏散楼梯步数不满足规范要求。

（2）里院建筑本身窄小、拥挤，不能满足居民的正常生活需求。居民为了家庭的需要私建临时、违章建筑，甚至有的居民在木楼板上建砌块墙，任意出挑房间，严重地破坏了内院的空间和环境。

（3）在东、西方向的房间接收不到南、北方向的阳光照射。里院之间通过隔墙紧密相连，部分房间采光不足，无法满足正常的通风采光。里院内的所有房间朝向内院，使房间的私密性降低。

（4）厂房空间高度不适宜居住，且已没有置物的需求。

（5）院落内部被临时的各种材料的搭建物占满。

（6）九龙餐厅后厨占用空间的问题。

3. 设备

内部配套设施稀缺且陈旧，不满足现代居住设施。且已影响到院内空间及立面美观。

（1）居民共用公共卫生间和水龙头，没有独立厨房。

（2）里院建筑缺乏无障碍设计。

（3）没有固定的上下水管道和暖气管道，没有现代化管网布局。

（4）屋顶及墙体的保温隔热问题。

（5）坡屋顶木桁架的老化残损问题。

（6）厨房卫生间等需要排气排水的建筑设备问题。

（7）晾衣服的问题。

（8）门窗的防风隔声问题。

（9）低层住宅的采光问题。

1.4.4.2 对应的解决策略

1. 立面

身处历史街区的旧建筑改造中，我们决定采用修旧如旧的方式。修复与替换立面的元素，使之与空间进行重新对应。

2. 空间

拆除隔墙，改变分隔方式、增加空间类型（夹层、跃层）、改变空间的物理属性，定义新的符合空间特点的功能。

3. 设备

采用现代技术手段和绿色节能措施，达到新旧共生的状态。

二、方案篇

2.1 方案设计

2.1.1 方案逻辑生成

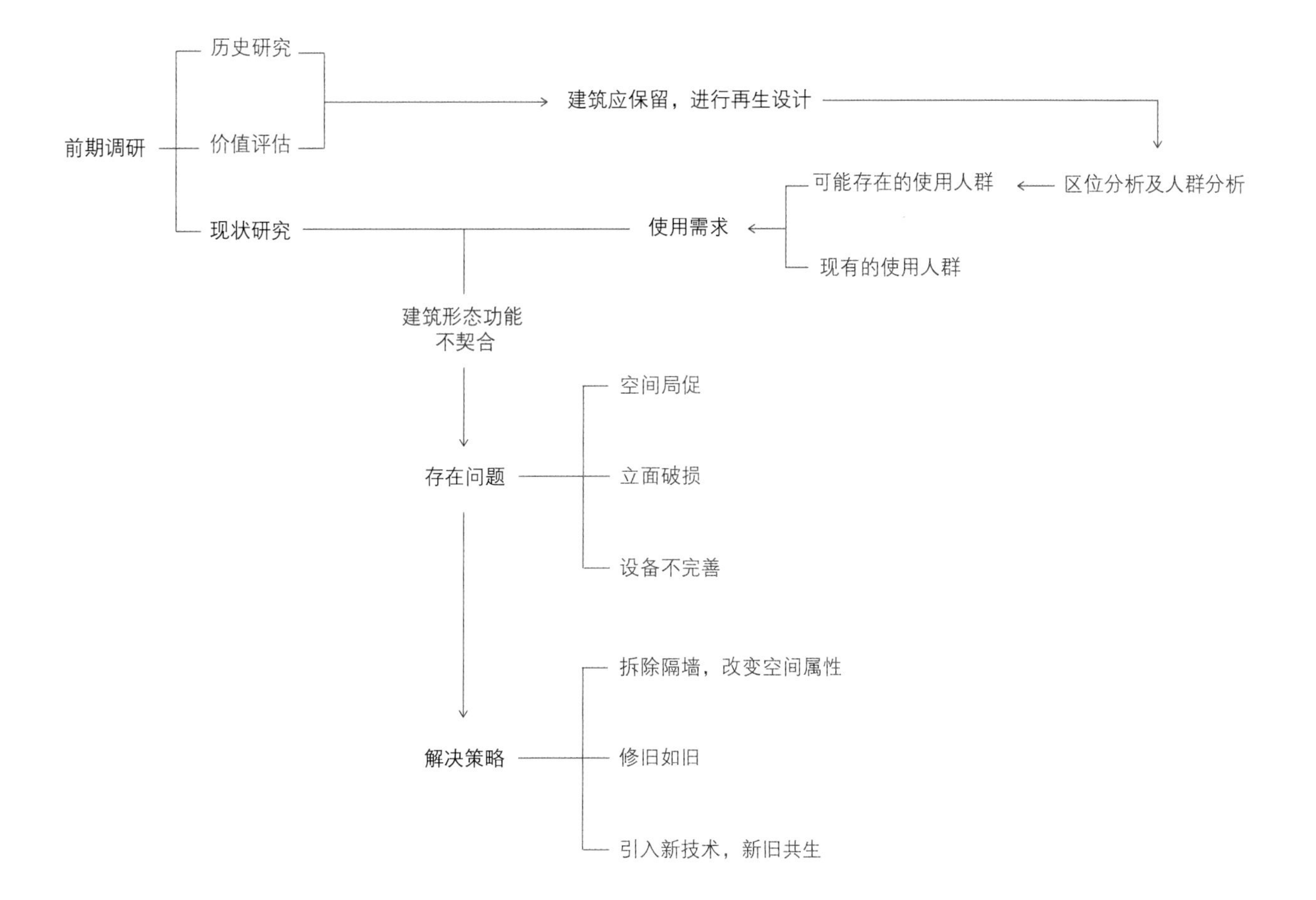

2.1.2 任务书拟定

1、现状分析

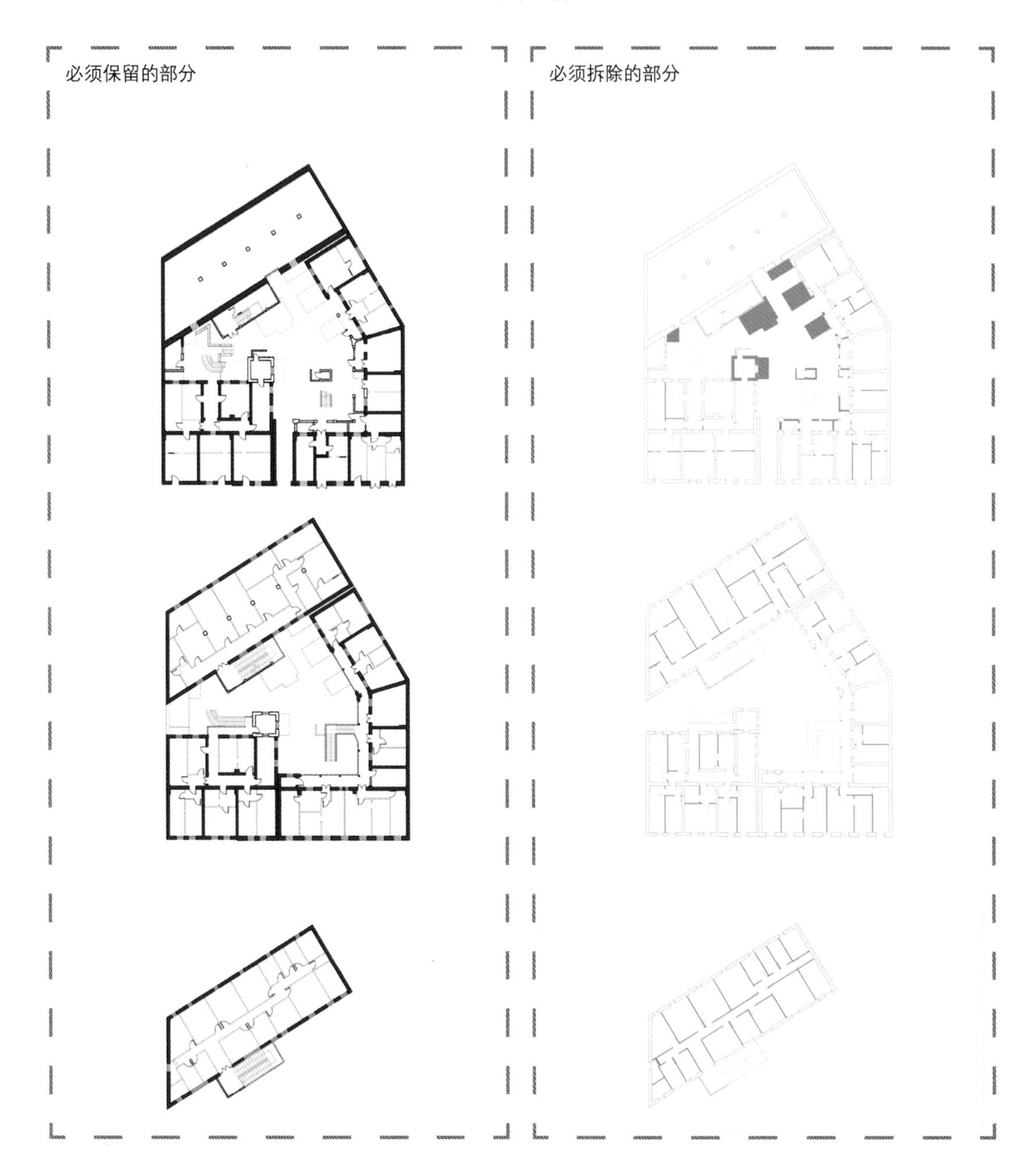

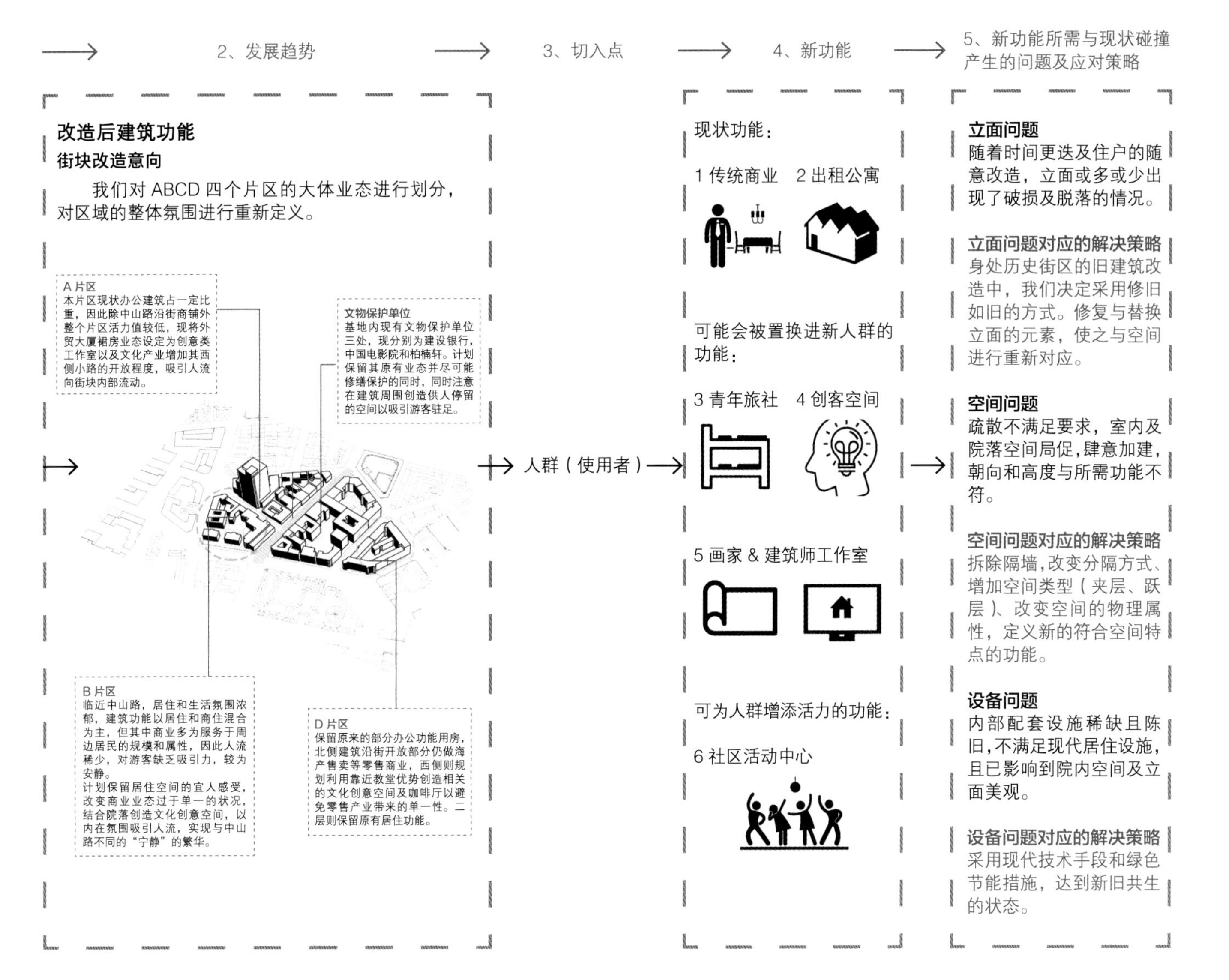
2、发展趋势
3、切入点
4、新功能
5、新功能所需与现状碰撞产生的问题及应对策略
改造后建筑功能
街块改造意向
我们对 ABCD 四个片区的大体业态进行划分，对区域的整体氛围进行重新定义。
A 片区
本片区现状办公建筑占一定比重，因此除中山路沿街商铺外整个片区活力值较低，现将外贸大厦裙房业态设定为创意类工作室以及文化产业增加其西侧小路的开放程度，吸引人流向街块内部流动。
文物保护单位
基地内现有文物保护单位三处，现分别为建设银行，中国电影院和柏楠轩。计划保留其原有业态并尽可能修缮保护的同时，同时注意在建筑周围创造供人停留的空间以吸引游客驻足。
B 片区
临近中山路，居住和生活氛围浓郁，建筑功能以居住和商住混合为主，但其中商业多为服务于周边居民的规模和属性，因此人流稀少，对游客缺乏吸引力，较为安静。
计划保留居住空间的宜人感受，改变商业业态过于单一的状况，结合院落创造文化创意空间，以内在氛围吸引人流，实现与中山路不同的“宁静”的繁华。
D 片区
保留原来的部分办公功能用房，北侧建筑沿街开放部分仍做海产售卖等零售商业，西侧则规划利用靠近教堂优势创造相关的文化创意空间及咖啡厅以避免零售产业带来的单一性。二层则保留原有居住功能。
人群（使用者）
现状功能：
1 传统商业　2 出租公寓
可能会被置换进新人群的功能：
3 青年旅社　4 创客空间
5 画家 & 建筑师工作室
可为人群增添活力的功能：
6 社区活动中心
立面问题
随着时间更迭及住户的随意改造，立面或多或少出现了破损及脱落的情况。
立面问题对应的解决策略
身处历史街区的旧建筑改造中，我们决定采用修旧如旧的方式。修复与替换立面的元素，使之与空间进行重新对应。
空间问题
疏散不满足要求，室内及院落空间局促，肆意加建，朝向和高度与所需功能不符。
空间问题对应的解决策略
拆除隔墙，改变分隔方式、增加空间类型（夹层、跃层）、改变空间的物理属性，定义新的符合空间特点的功能。
设备问题
内部配套设施稀缺且陈旧，不满足现代居住设施，且已影响到院内空间及立面美观。
设备问题对应的解决策略
采用现代技术手段和绿色节能措施，达到新旧共生的状态。

2.1.3 改造后平面图

2.1.3.1 空间原型讨论

1. 120m² 户型信息

（1）需要带有暗卫生间，不具有可明可暗的选择弹性，因为其他房间比卫生间更加需要采光。

（2）因为有两层，所以有多流线设计的可能性，但这样会降低卧室私密性。

（3）D+K+L（厨房、餐厅、客厅紧邻但相互独立）的模式为常用模式。

（4）设置相对独立的卧室区域，公共与私密的功能分区是很重要的。

（5）适用于 3 ~ 4 口之家，但因为有楼梯所以不适用于老年人。

2. 60m² 户型信息

方案 A

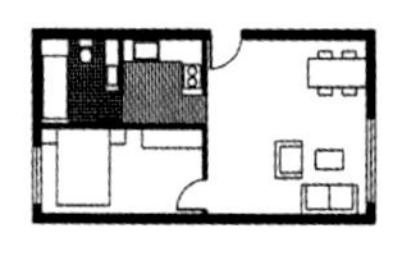

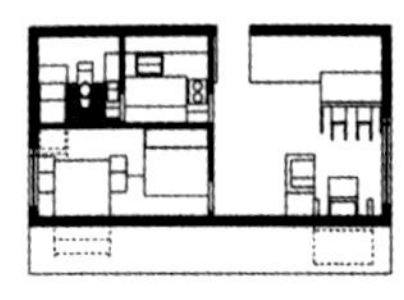

方案 B

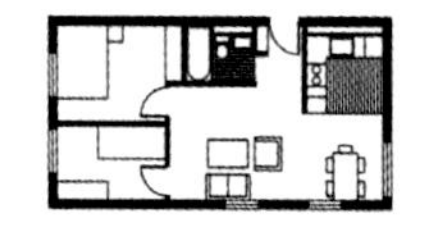

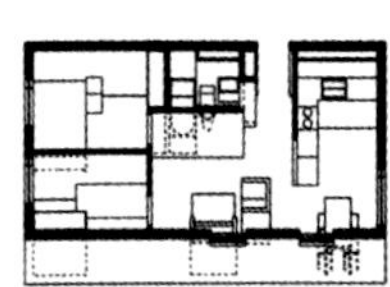

（1）需要带有暗卫生间，不具有可明可暗的选择弹性，因为其他房间比卫生间更加需要采光。

（2）入口即功能区，有利于节省面积。

（3）DKL（厨房、餐厅、客厅相互有一定影响）的模式为常用模式，成为公共空间处理的首选方式。

（4）尽量多设置卧室数量，但公共与私密的功能分区仍然是很重要的。

（5）适用于 3 ~ 4 口之家，但因为有楼梯所以不适用于老年人。

3. 30m² 户型信息

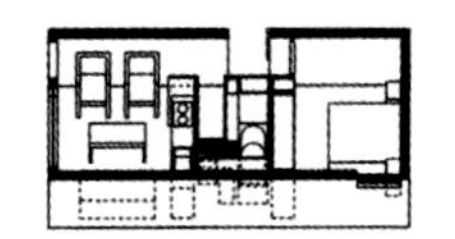

（1）因为户型狭长，需要的情况下，厨房和卫生间都需要用机械通风。

（2）空间因为线条感显得更加有秩序，从开放到私密。

（3）DK 或 KL 的模式被多种尝试于这样模数化的小户型内。

（4）卧室区域白天被收起，空间内可为可变的家具装置，装置的家具变多。

（5）适用于单身人士或是两人世界，空间恰到好处地收放适合二人交流。

2.1.3.2　空间多样性讨论

户型提供的不仅仅是一个空间，而且也是一种精彩的生活方式。

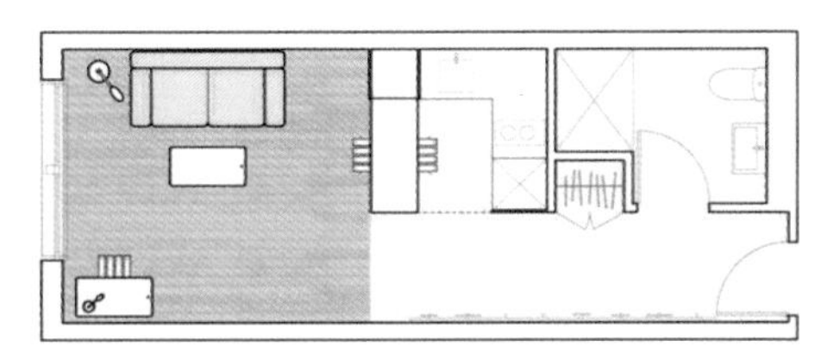

单人模式（白天）——可折叠沙发在室内铺开，同时将折叠桌从墙上取下。厨房的餐台被放下用于准备早餐，同时明确干湿空间。

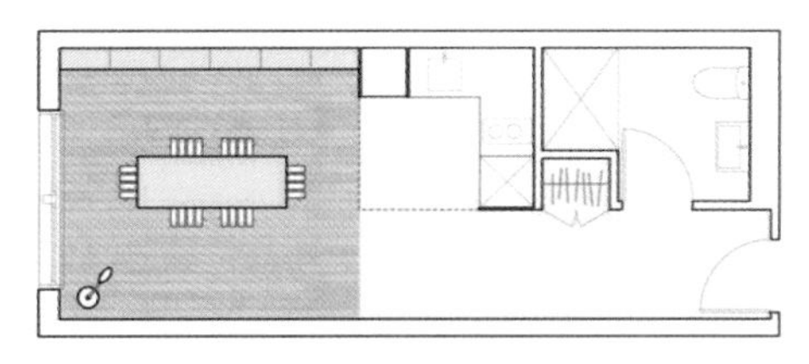

单人模式（夜晚）——可转换的沙发床铺开，厨房的餐台折叠，放大了卧室空间，可折叠的桌子被重新挂在墙上。

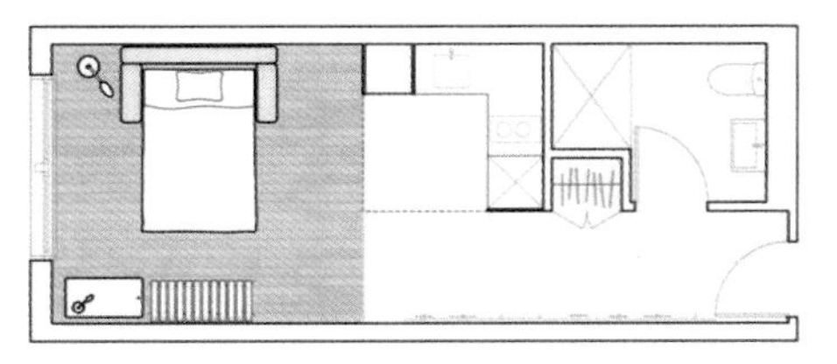

多人模式（白天）——挂在墙上的桌子被取下，朋友们为庆祝房屋主人的周年纪念日相约来聚餐，六个人的中餐准备正在进行中。

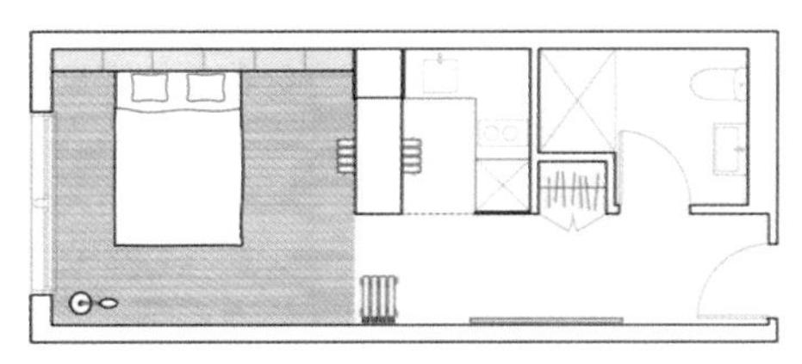

双人模式（夜晚）——餐具已经在厨房被清洗好，可折叠的六人桌也悬挂在墙上，隐藏在墙体内的床被放置开来，厨房的小餐台可以准备夜宵。

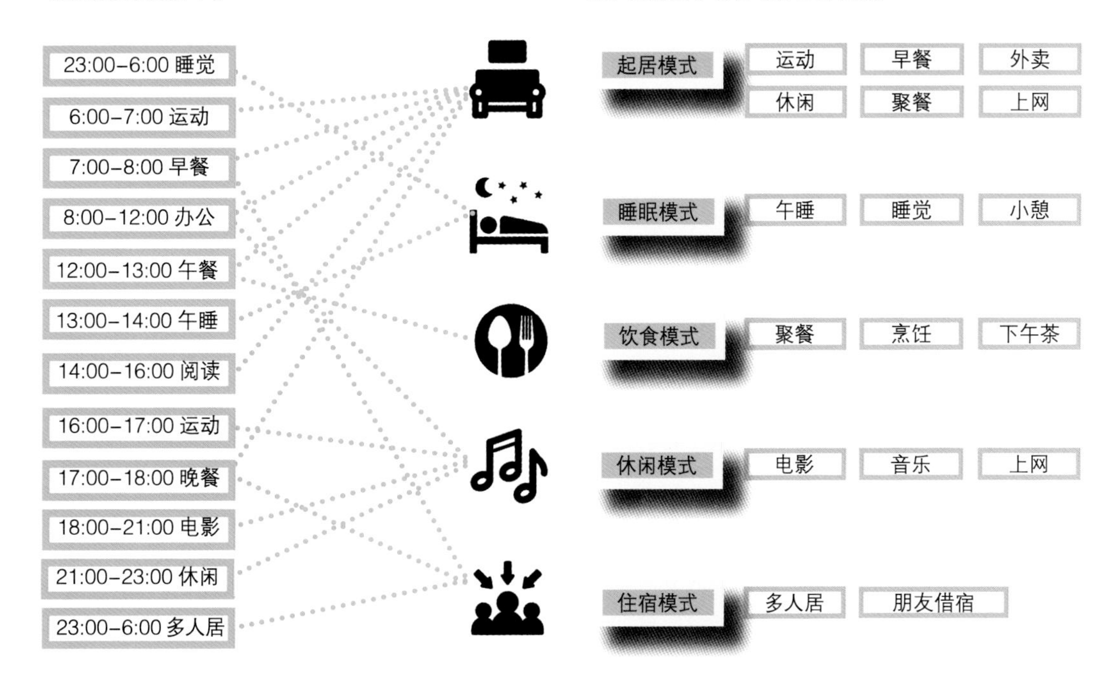

2.1.3.3 功能分区

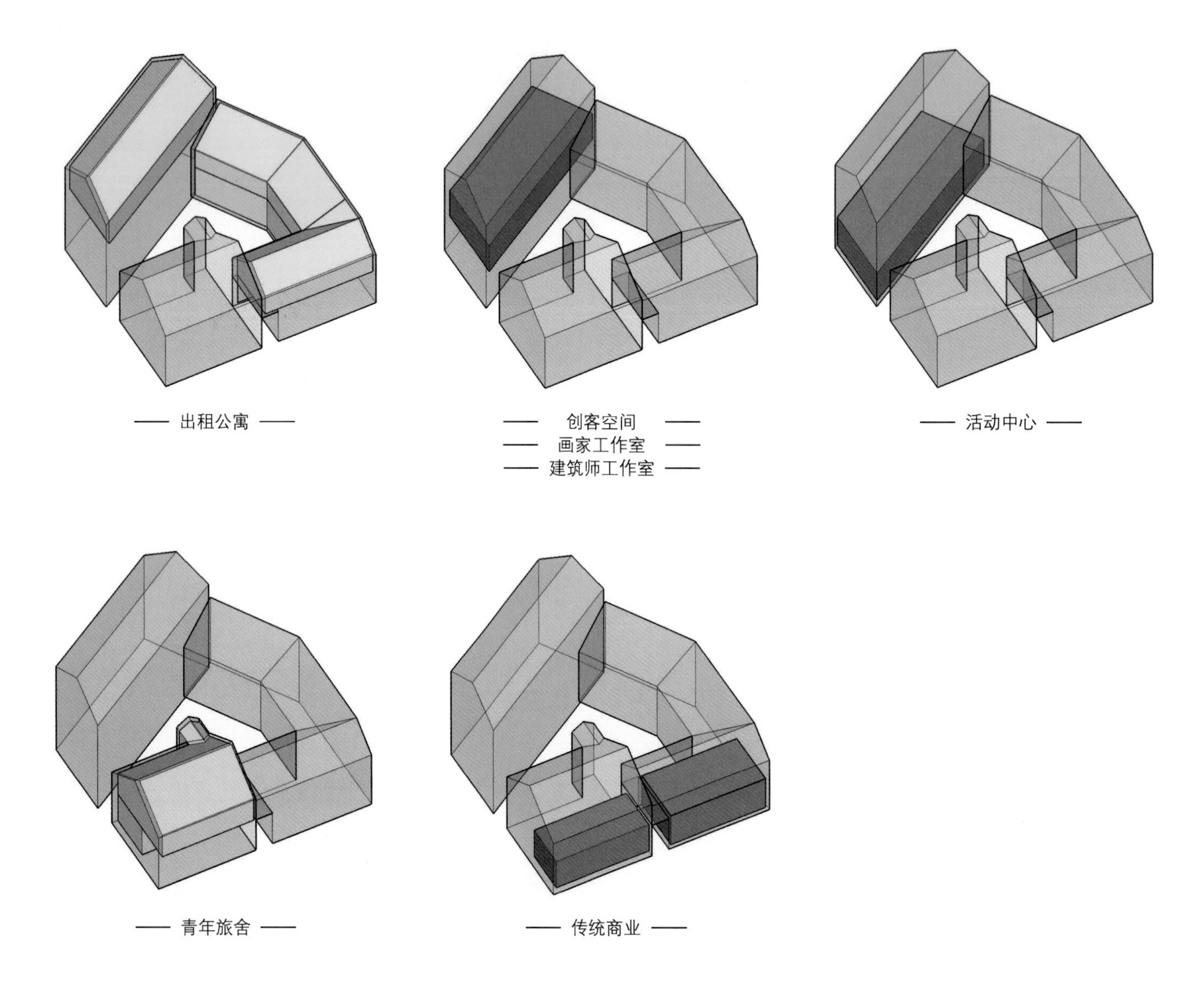

出租公寓
创客空间
画家工作室
建筑师工作室
活动中心
青年旅舍
传统商业

2.1.3.4　总平面图

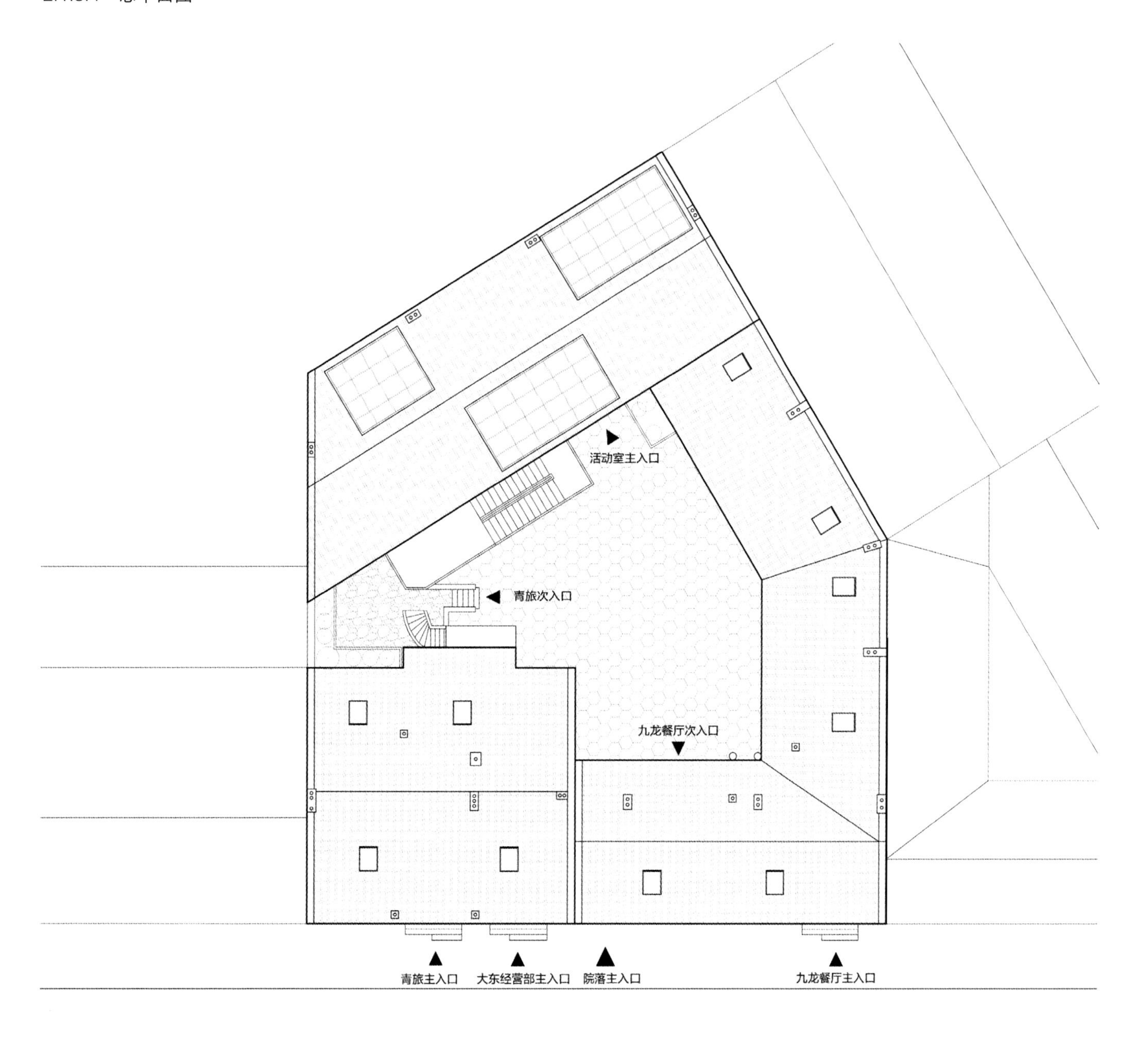

总平面图　1∶200

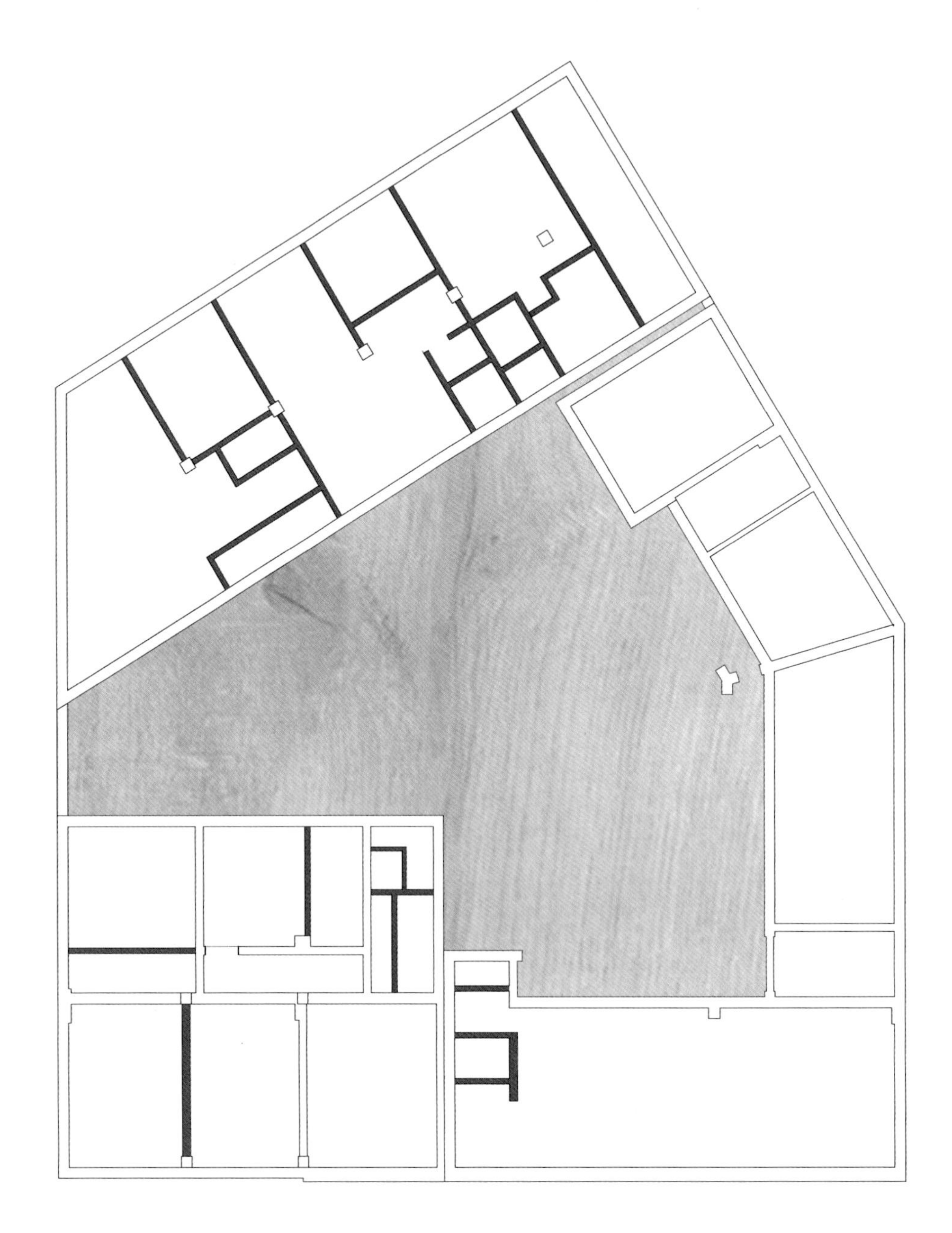

新建墙体平面图　1：200

2.1.3.5 分层整体平面图

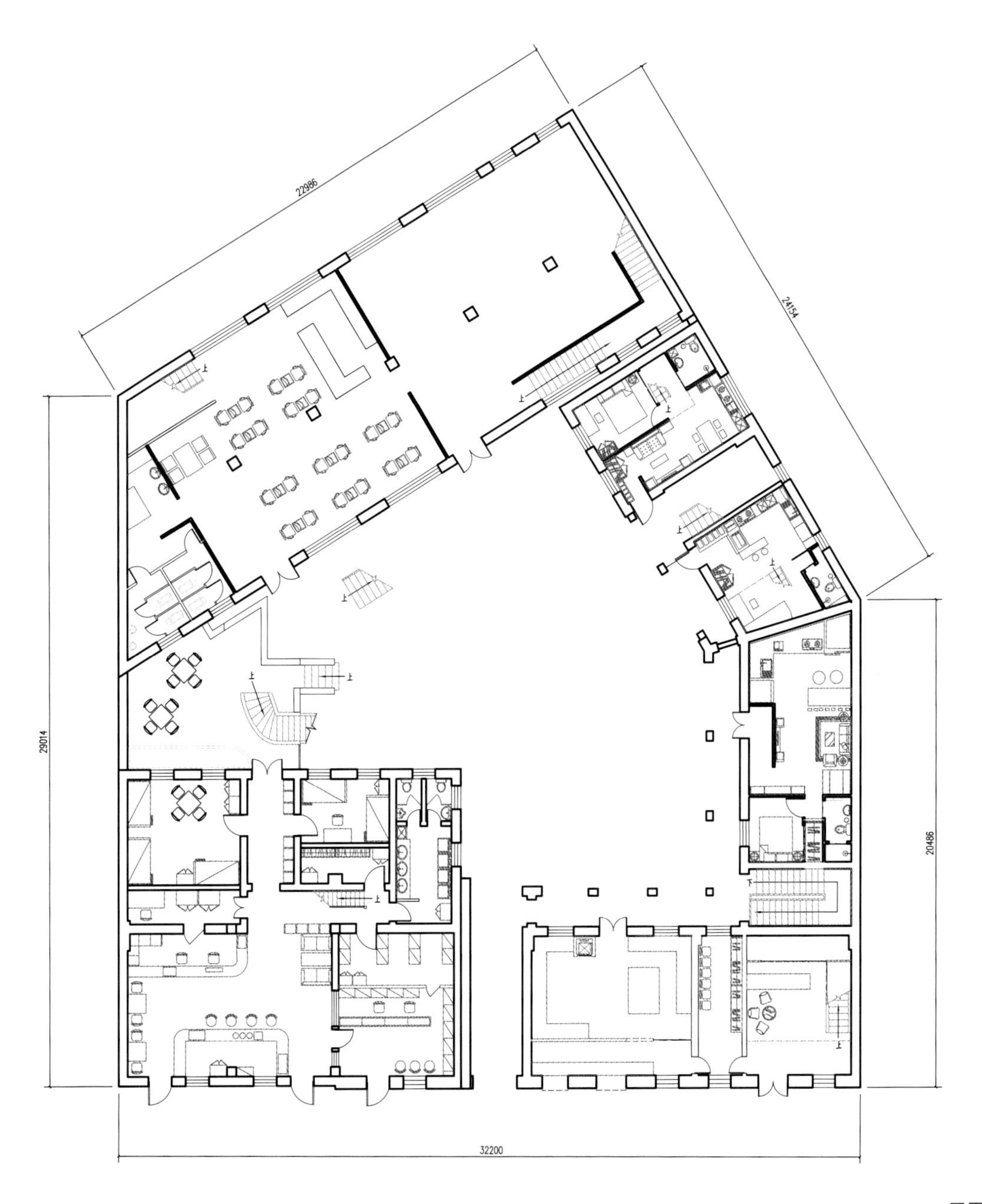

一层平面图 1：200

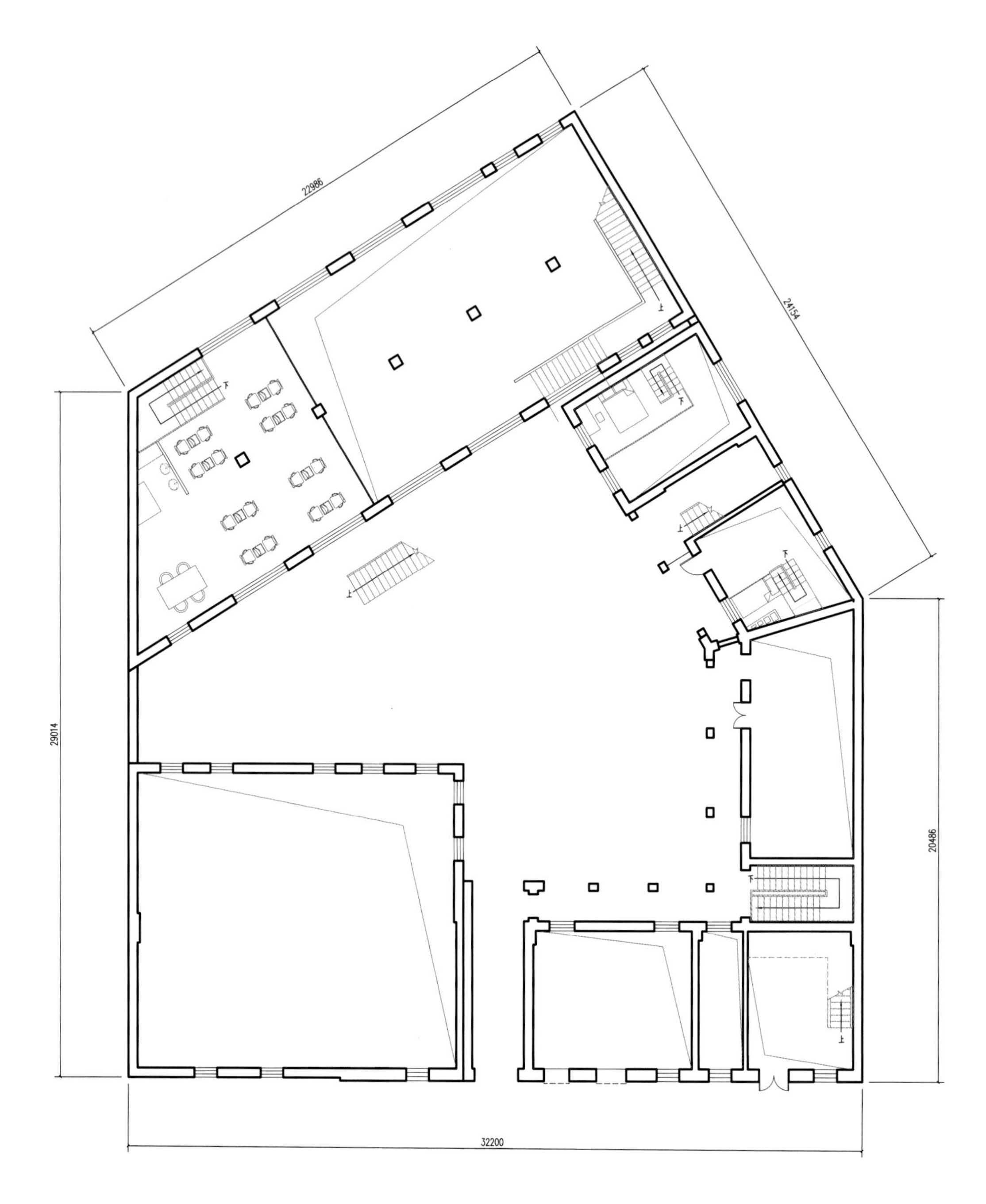

一层夹层平面图　1：200

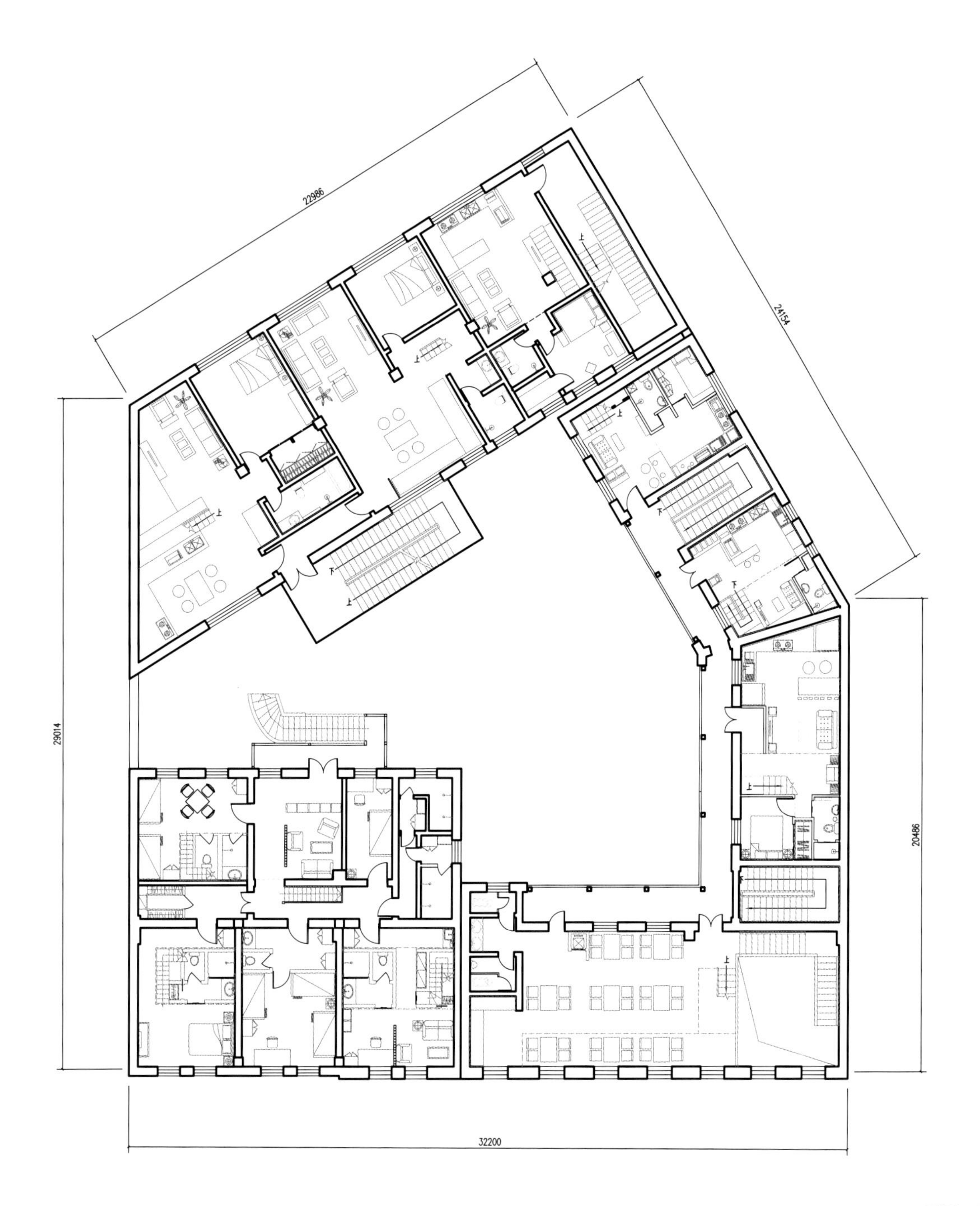
22986
24154
29014
20486
32200

二层平面图　1：200

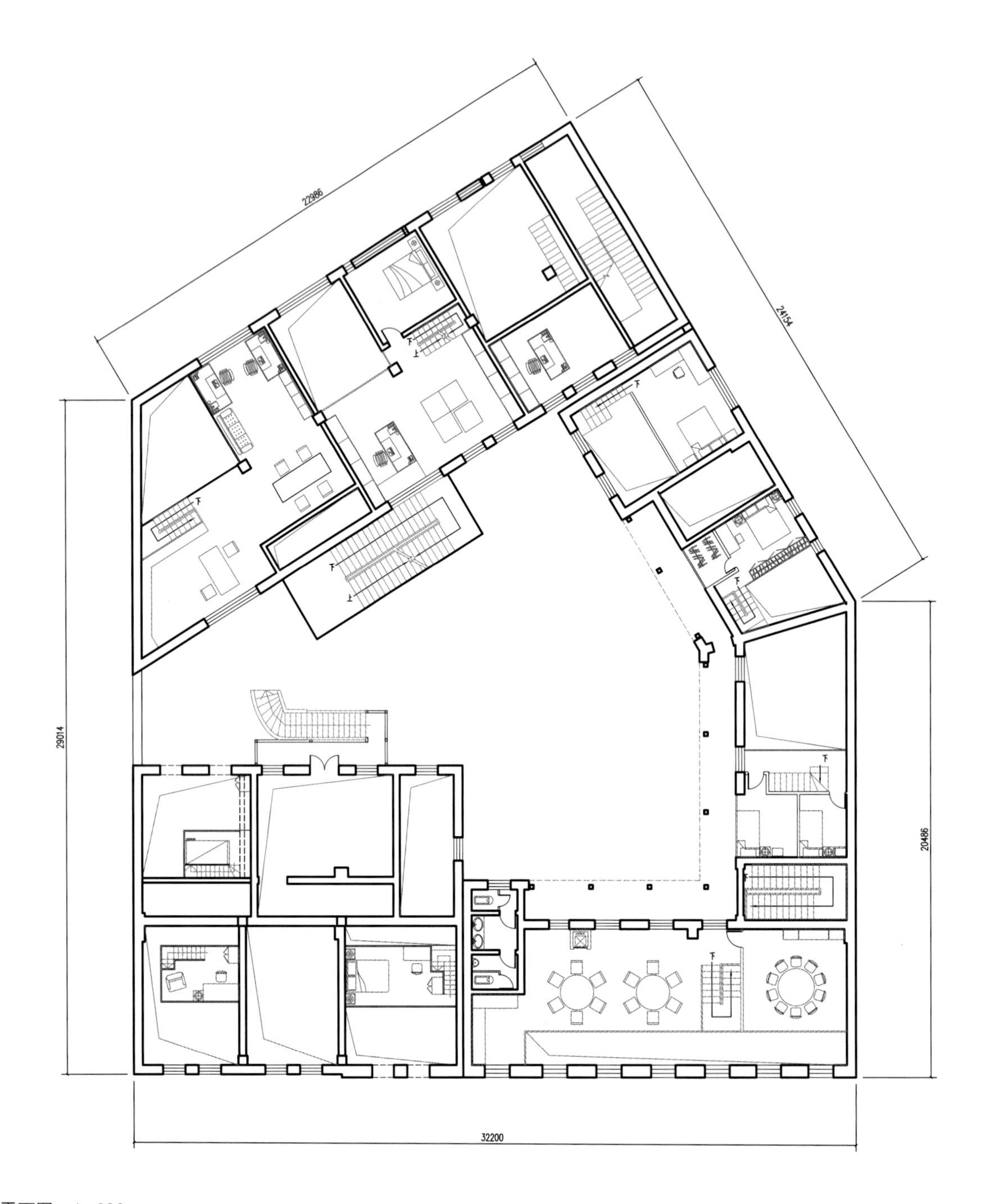

二层夹层平面图　1 : 200

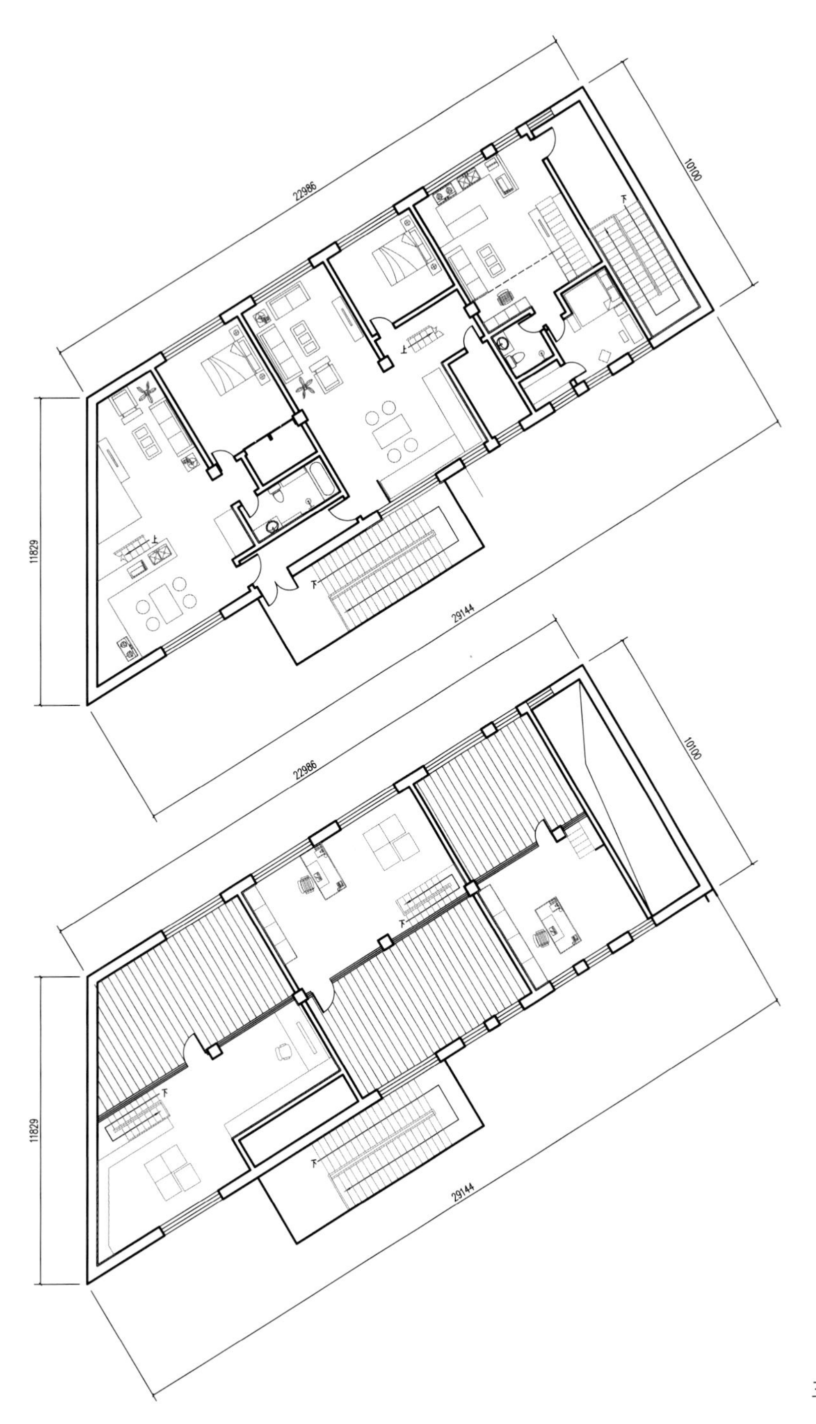

三层及夹层平面图　1 : 200

2.1.3.6 分层分栋平面图

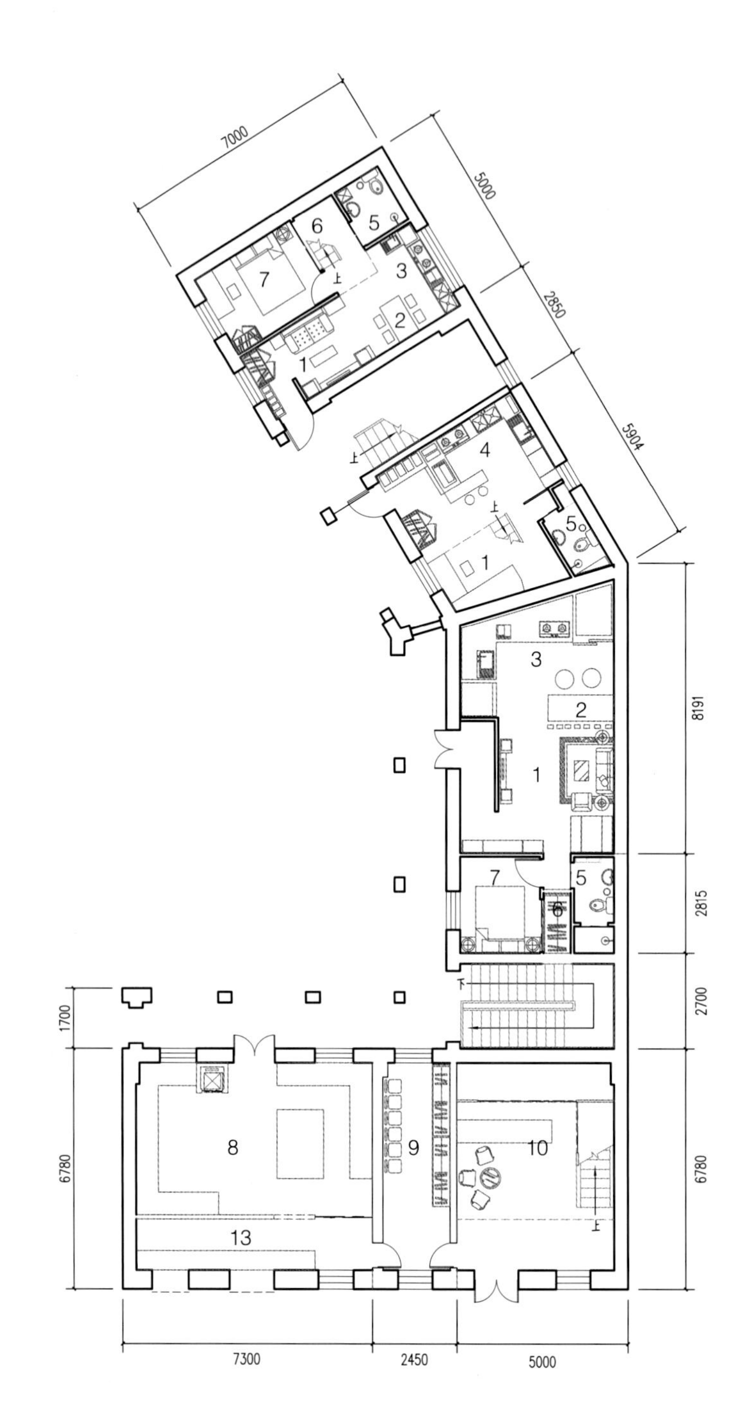

1. 起居室
2. 餐厅
3. 厨房
4. 开放式厨房
5. 卫生间
6. 衣帽间
7. 卧室
8. 餐厅后厨
9. 员工休息
10. 前台接待
11. 就餐区
12. 包厢
13. 外卖区

I 栋一层平面图 1 : 150

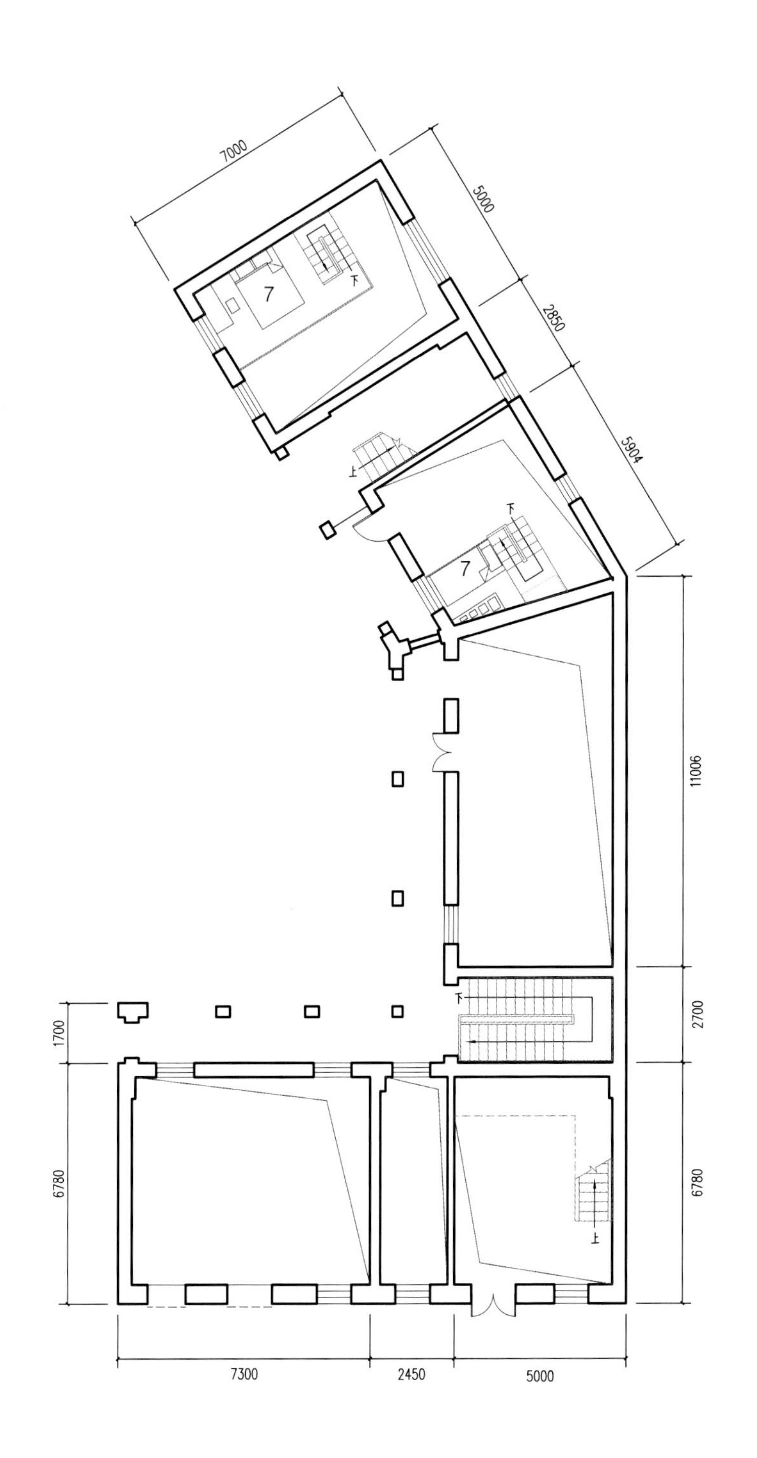

1. 起居室
2. 餐厅
3. 厨房
4. 开放式厨房
5. 卫生间
6. 衣帽间
7. 卧室
8. 餐厅后厨
9. 员工休息
10. 前台接待
11. 就餐区
12. 包厢
13. 外卖区

Ⅰ栋一层夹层平面图　1：150

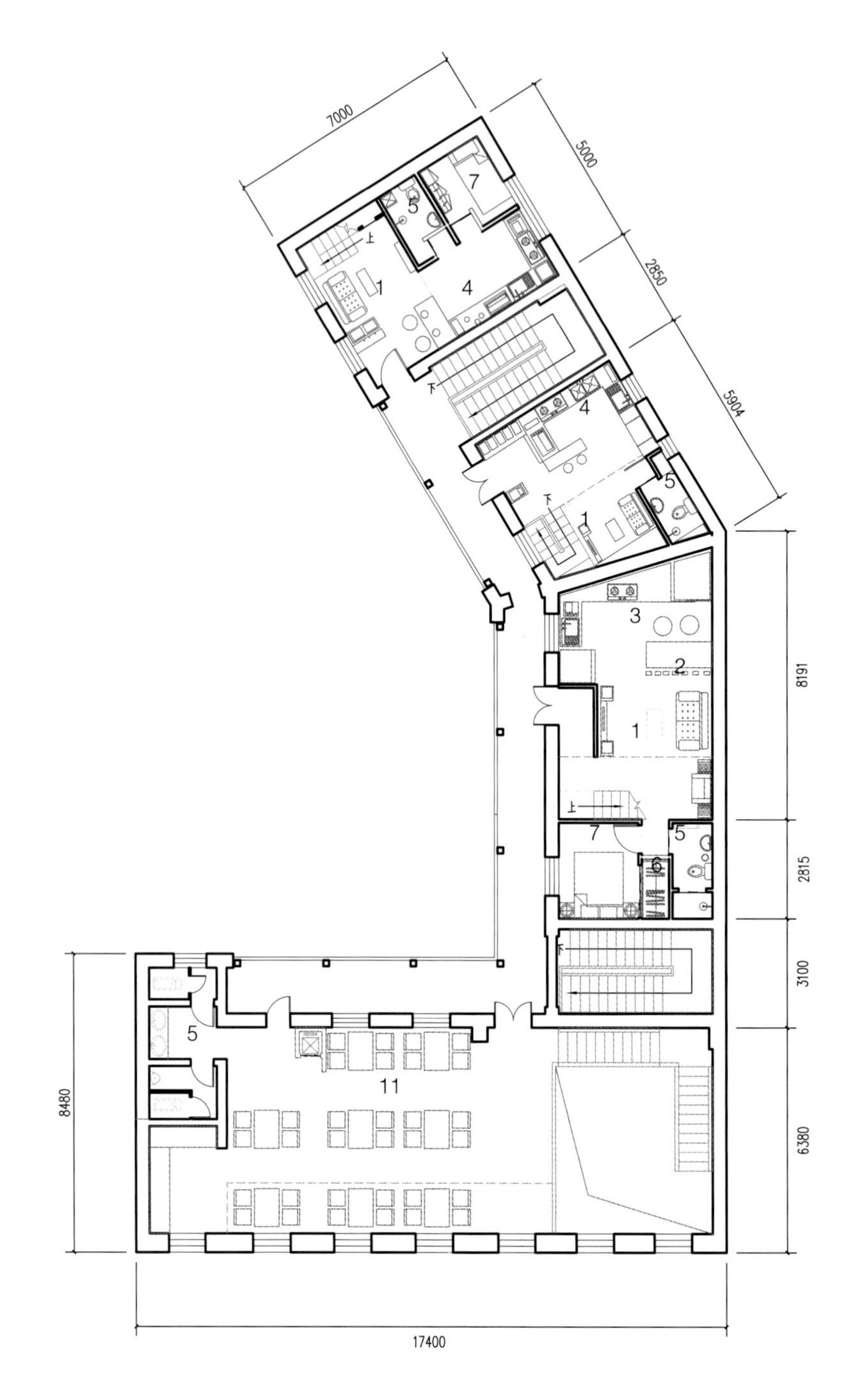

1. 起居室
2. 餐厅
3. 厨房
4. 开放式厨房
5. 卫生间
6. 衣帽间
7. 卧室
8. 餐厅后厨
9. 员工休息
10. 前台接待
11. 就餐区
12. 包厢
13. 外卖区

I 栋二层平面图　1：150

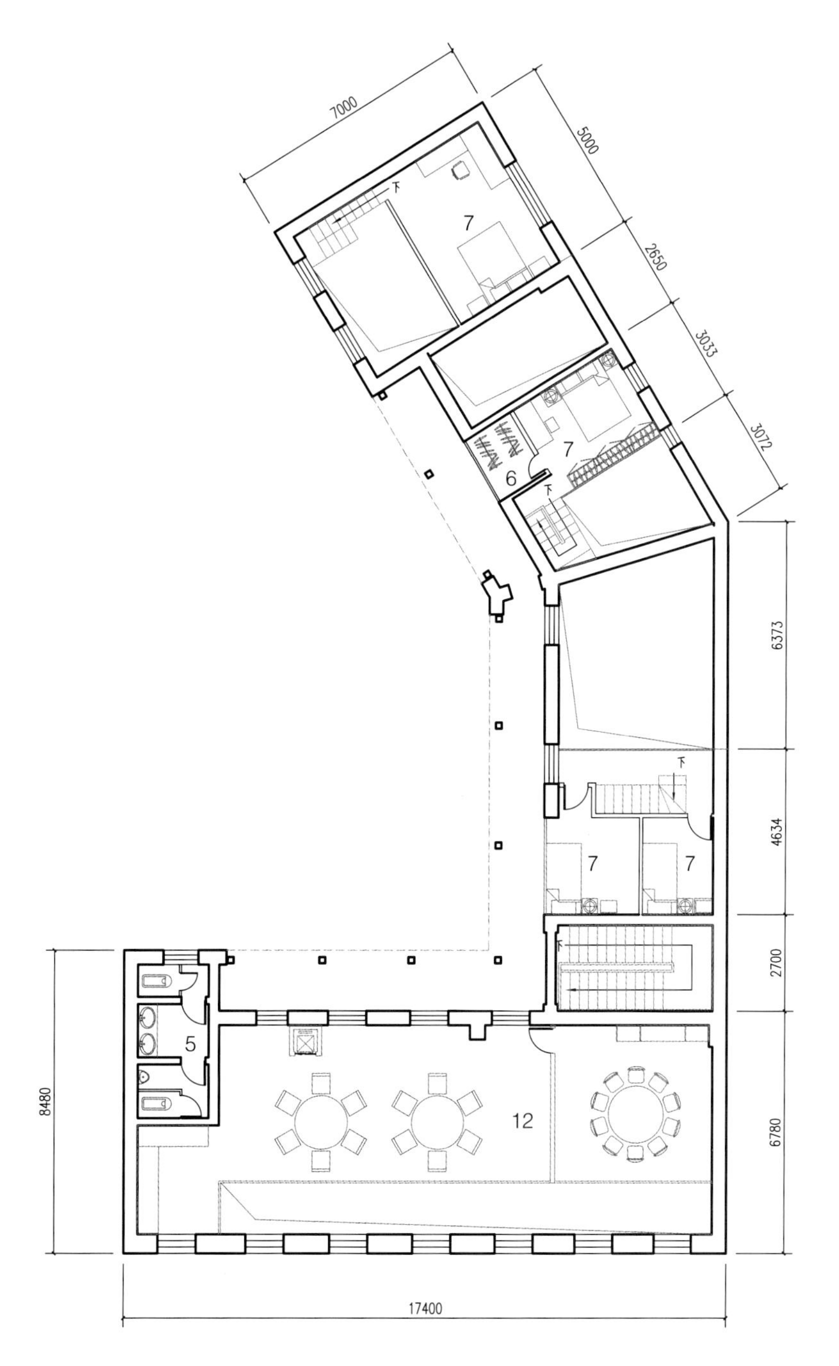

1. 起居室
2. 餐厅
3. 厨房
4. 开放式厨房
5. 卫生间
6. 衣帽间
7. 卧室
8. 餐厅后厨
9. 员工休息
10. 前台接待
11. 就餐区
12. 包厢
13. 外卖区

I 栋二层夹层平面图　1 : 150

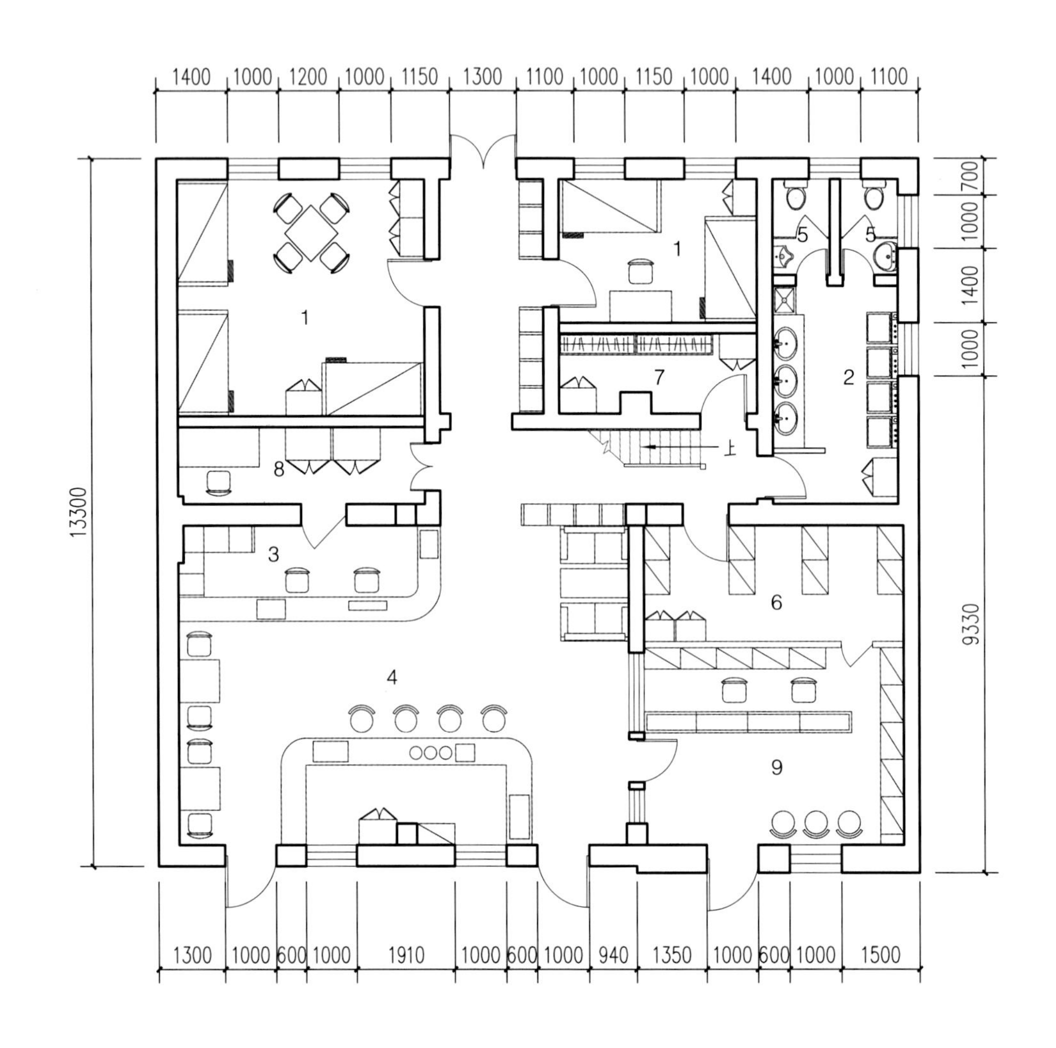

1. 青旅房间
2. 自助洗衣
3. 厨房
4. 前台接待
5. 卫生间
6. 员工休息
7. 衣帽间
8. 员工办公
9. 公共休闲区

Ⅱ栋一层平面图　1 : 100

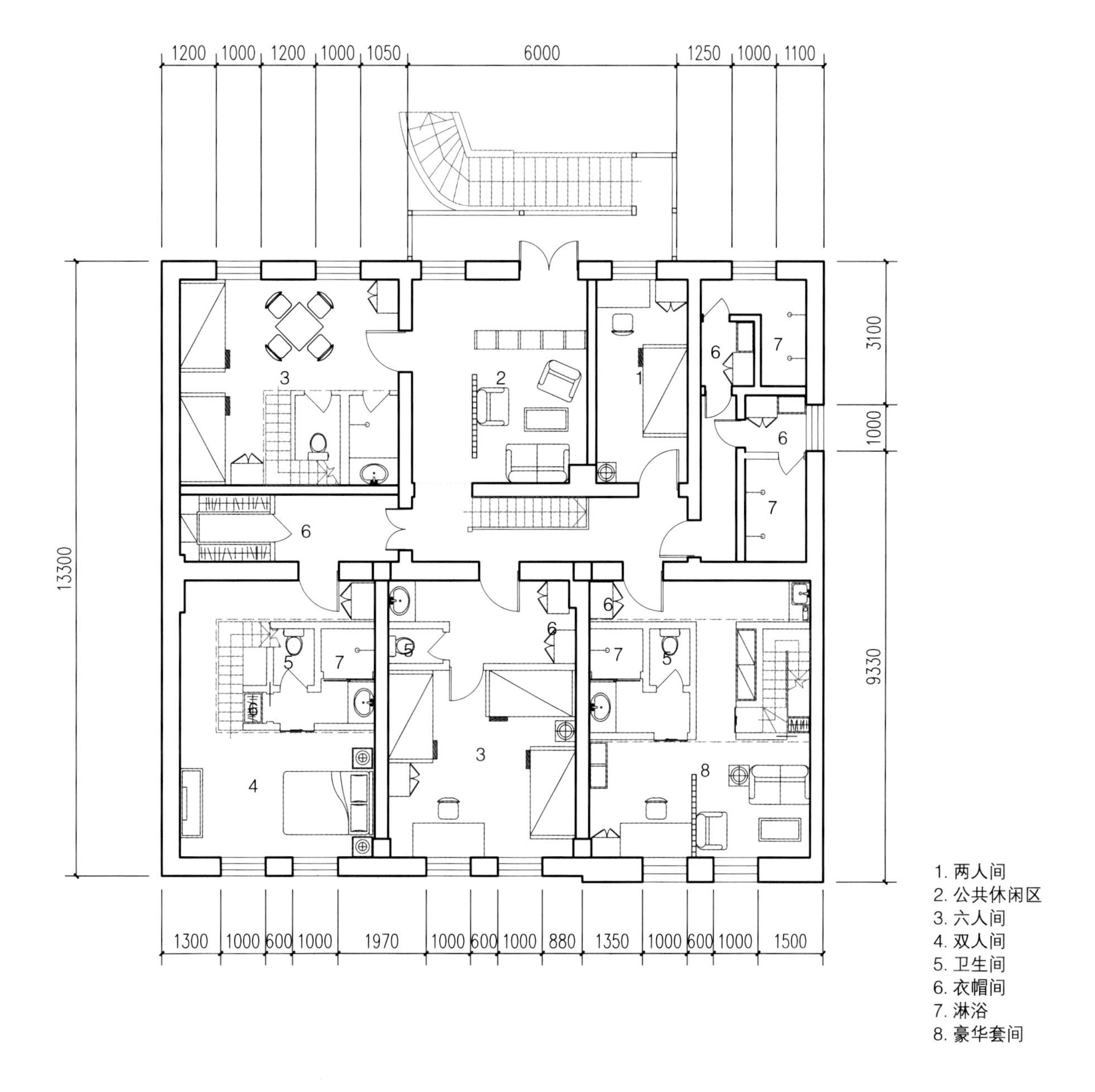

II 栋二层平面图　1 : 100

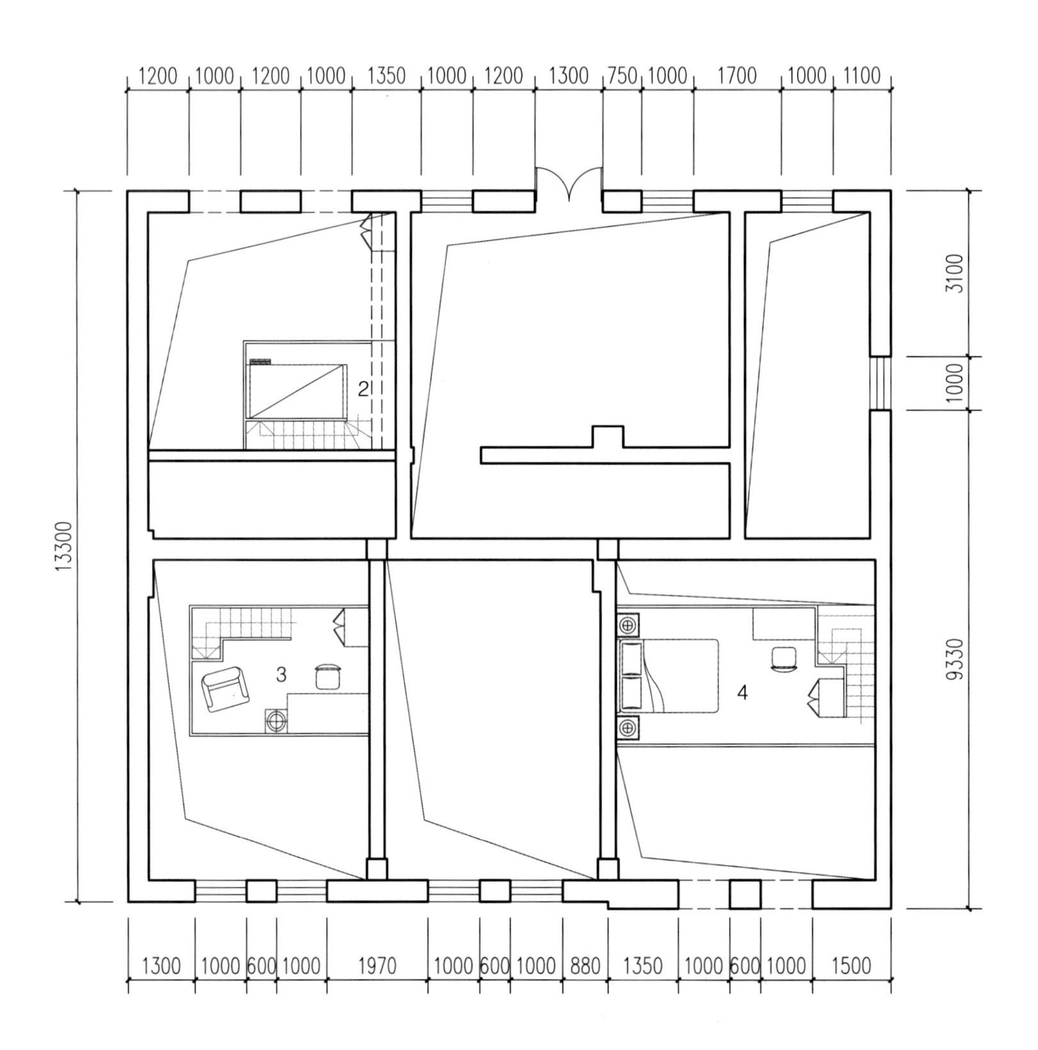

1. 两人间
2. 六人间
3. 私人工作区
4. 豪华套间
5. 卫生间
6. 衣帽间

Ⅱ栋二层夹层平面图　1：100

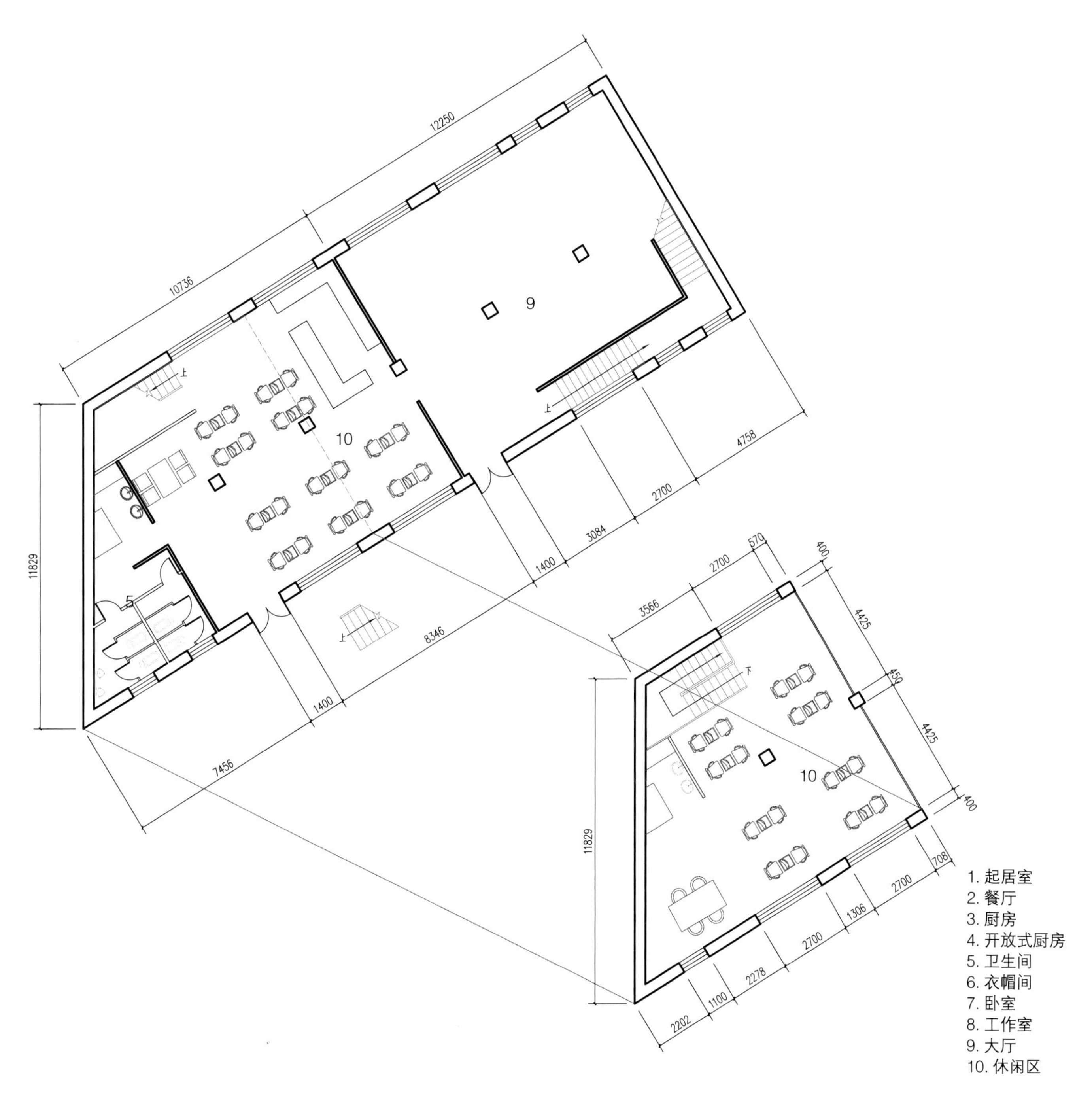

Ⅲ栋一层及夹层平面图　1∶150

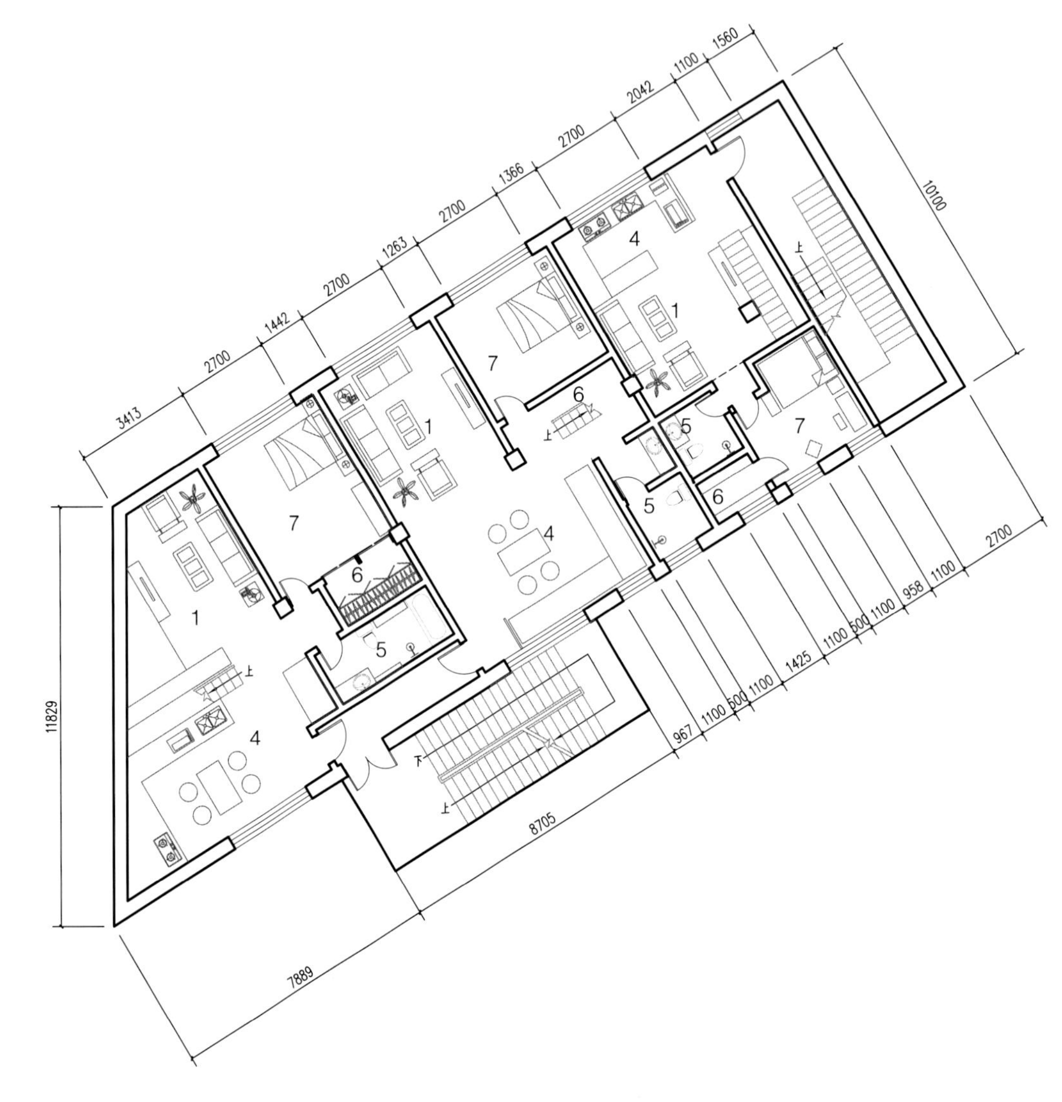

1. 起居室
2. 餐厅
3. 厨房
4. 开放式厨房
5. 卫生间
6. 衣帽间
7. 卧室
8. 工作室
9. 大厅
10. 休闲区

Ⅲ栋二层平面图　1：150

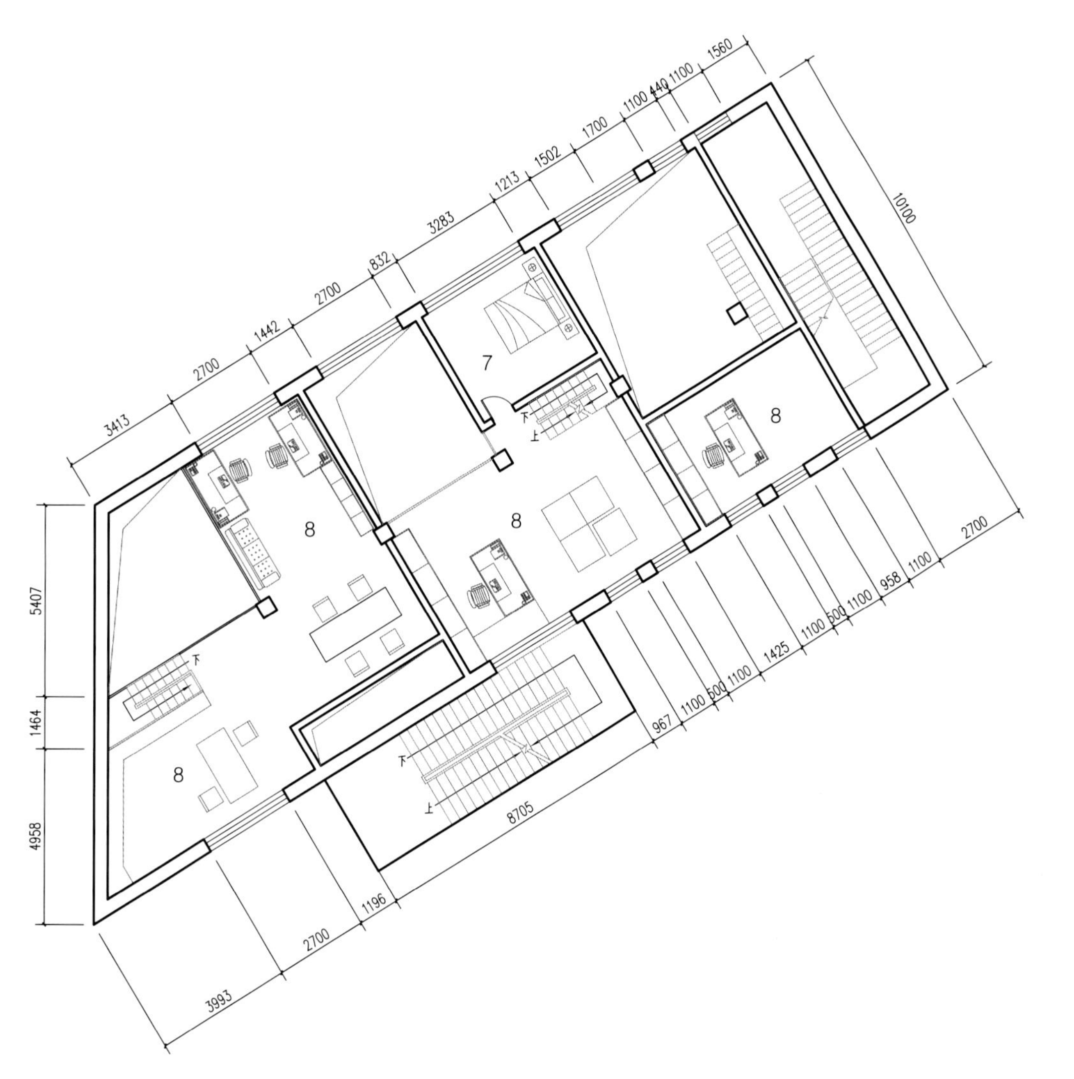

1. 起居室
2. 餐厅
3. 厨房
4. 开放式厨房
5. 卫生间
6. 衣帽间
7. 卧室
8. 工作室
9. 大厅
10. 休闲区

Ⅲ栋二层夹层平面图　1∶150

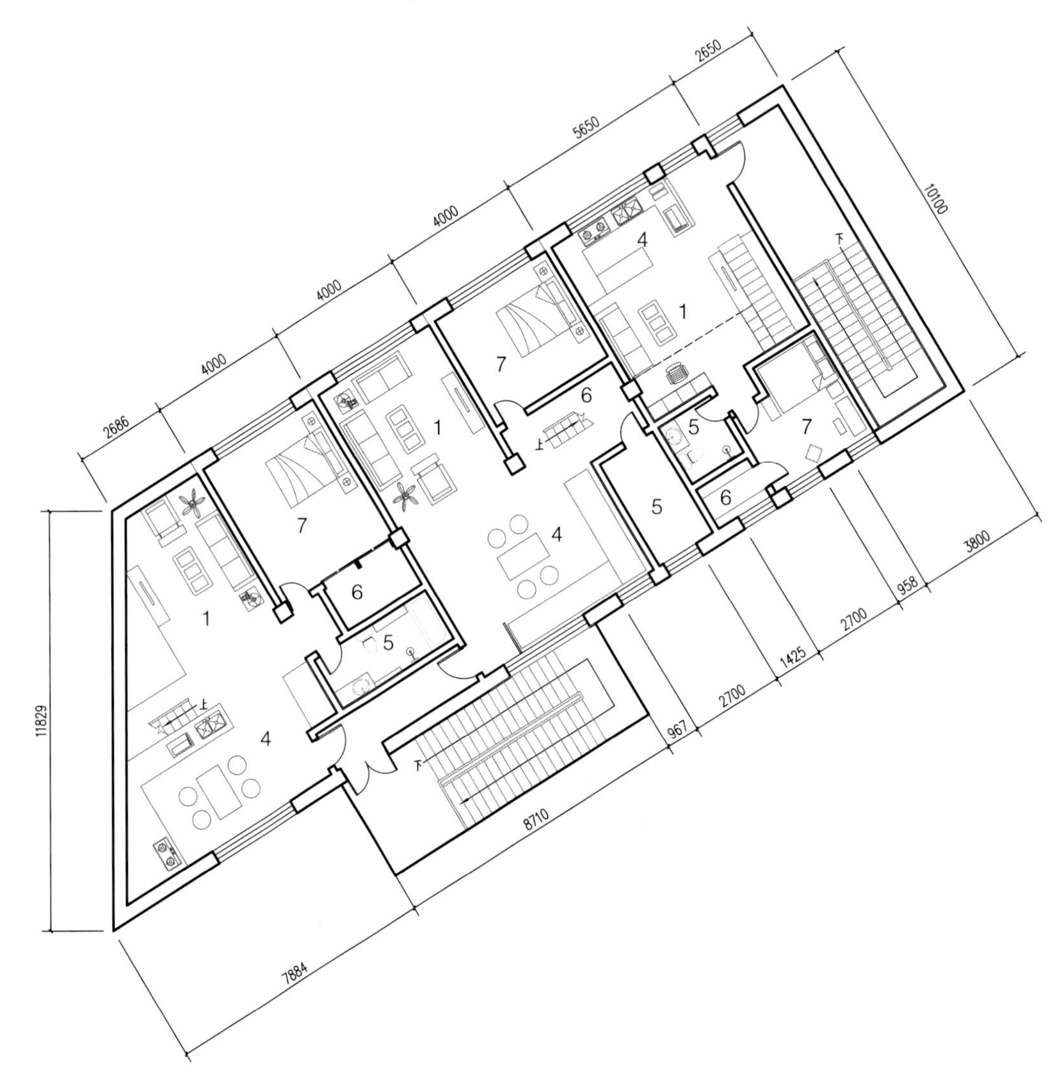

1. 起居室
2. 餐厅
3. 厨房
4. 开放式厨房
5. 卫生间
6. 衣帽间
7. 卧室
8. 工作室
9. 大厅
10. 休闲区

Ⅲ栋三层平面图　1 : 150

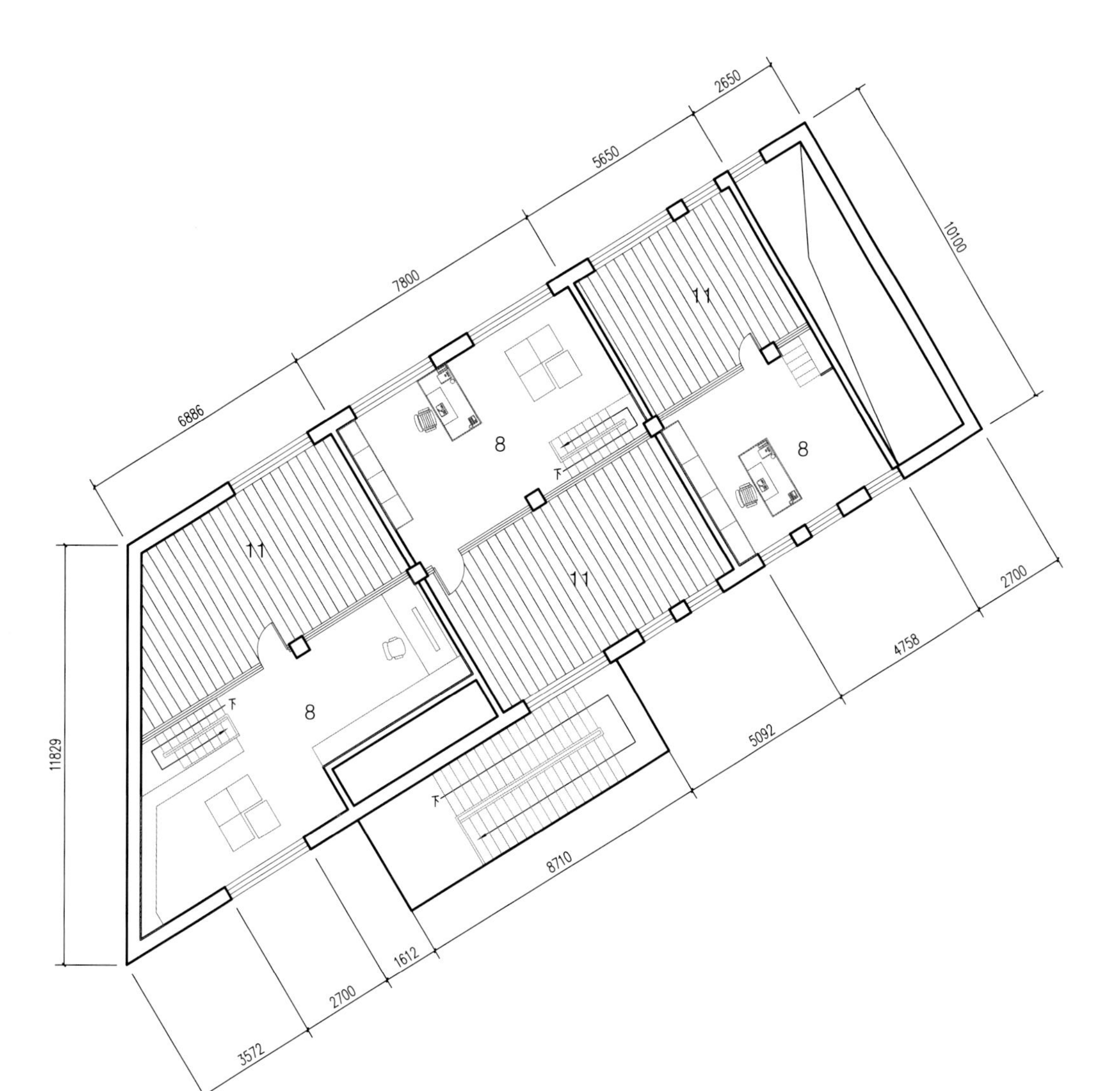

1. 起居室
2. 餐厅
3. 厨房
4. 开放式厨房
5. 卫生间
6. 衣帽间
7. 卧室
8. 工作室
9. 大厅
10. 休闲区
11. 阳台

Ⅲ栋三层露台平面图　1∶150

2.1.3.7 典型户型细化

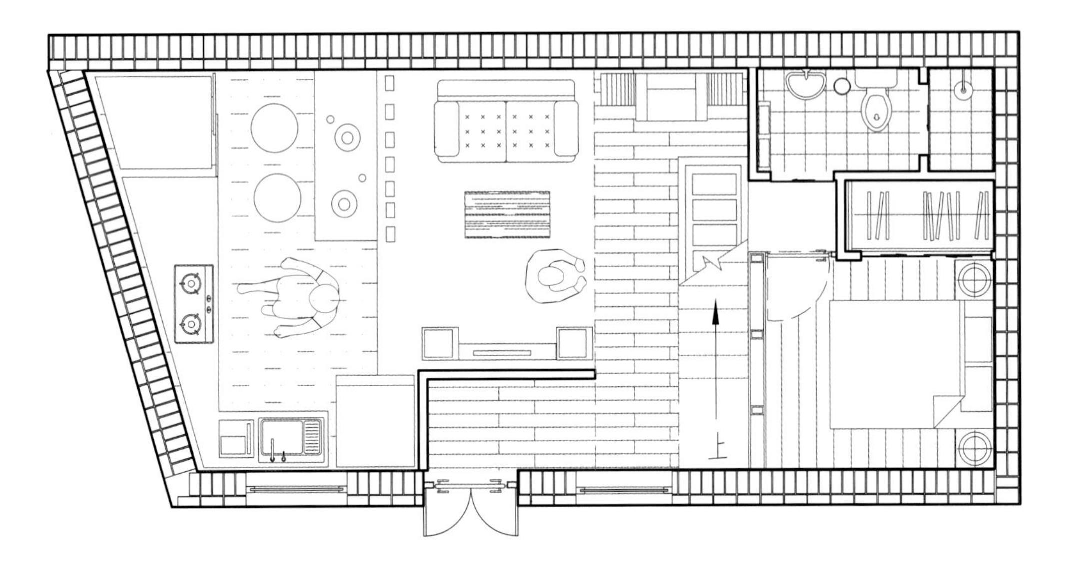

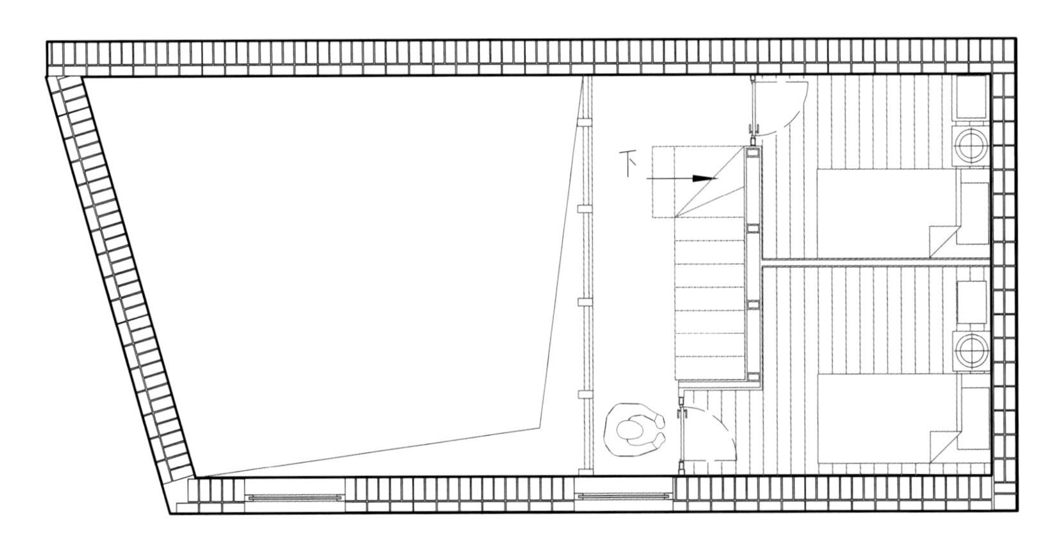

I 栋平面细化 1∶50

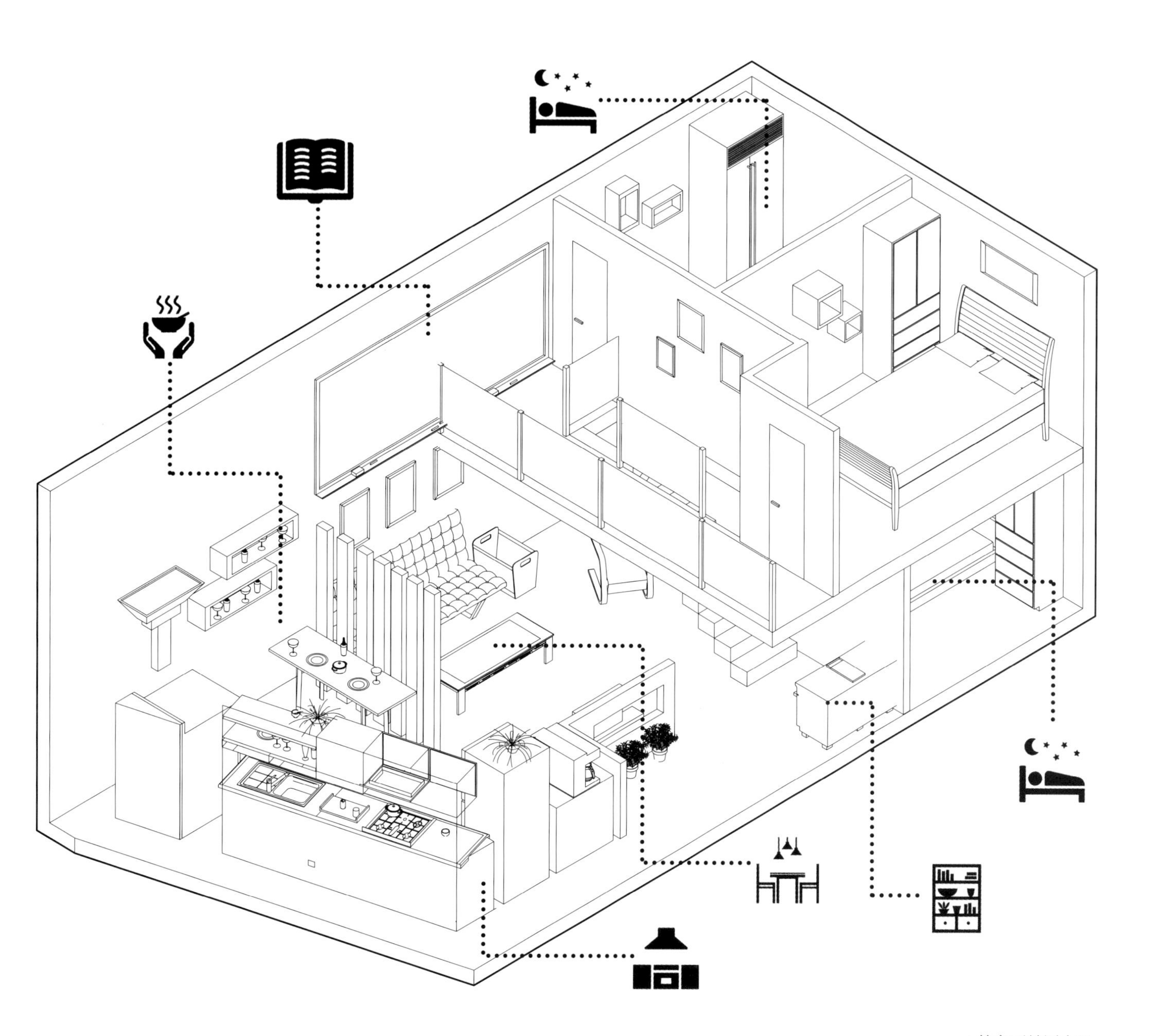

丨栋户型轴测表现

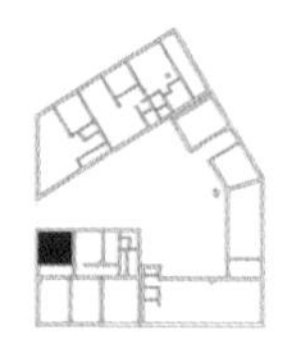

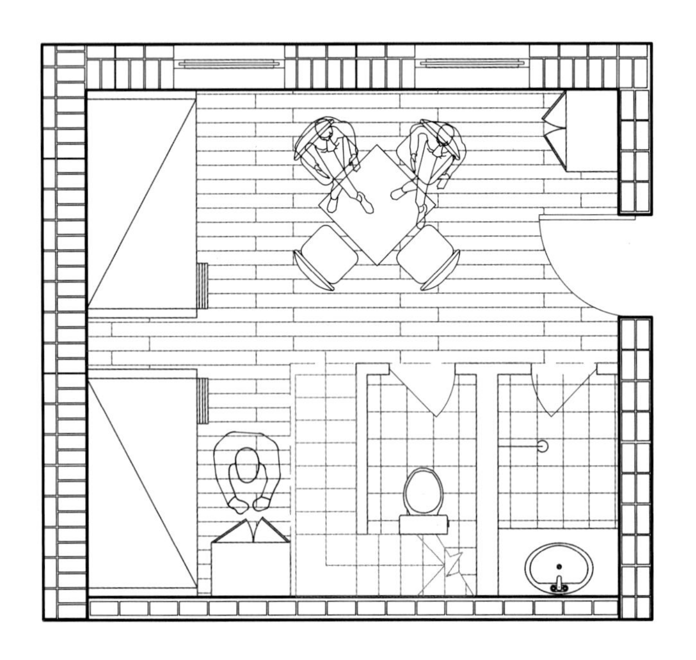

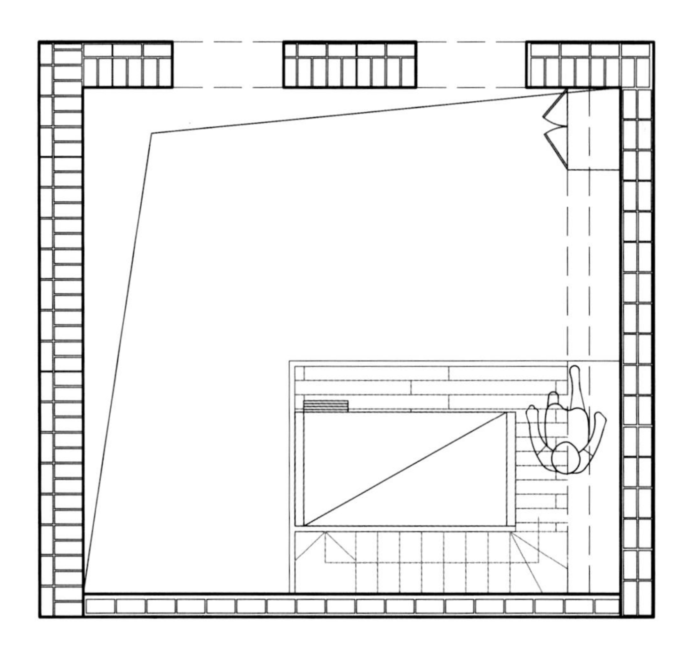

Ⅱ栋平面细化　1：50

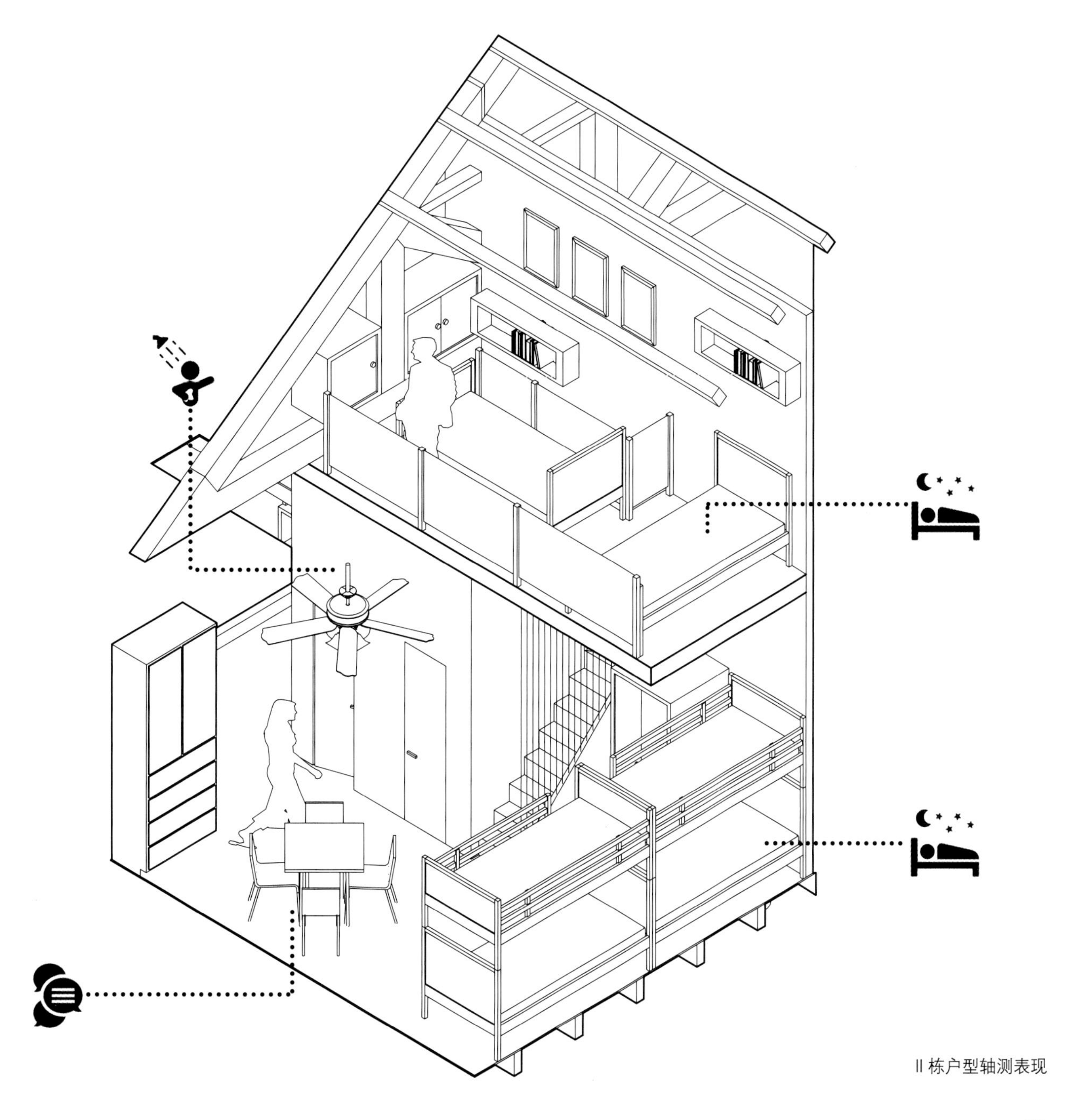

Ⅱ 栋户型轴测表现

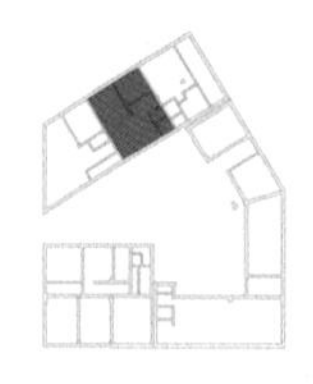

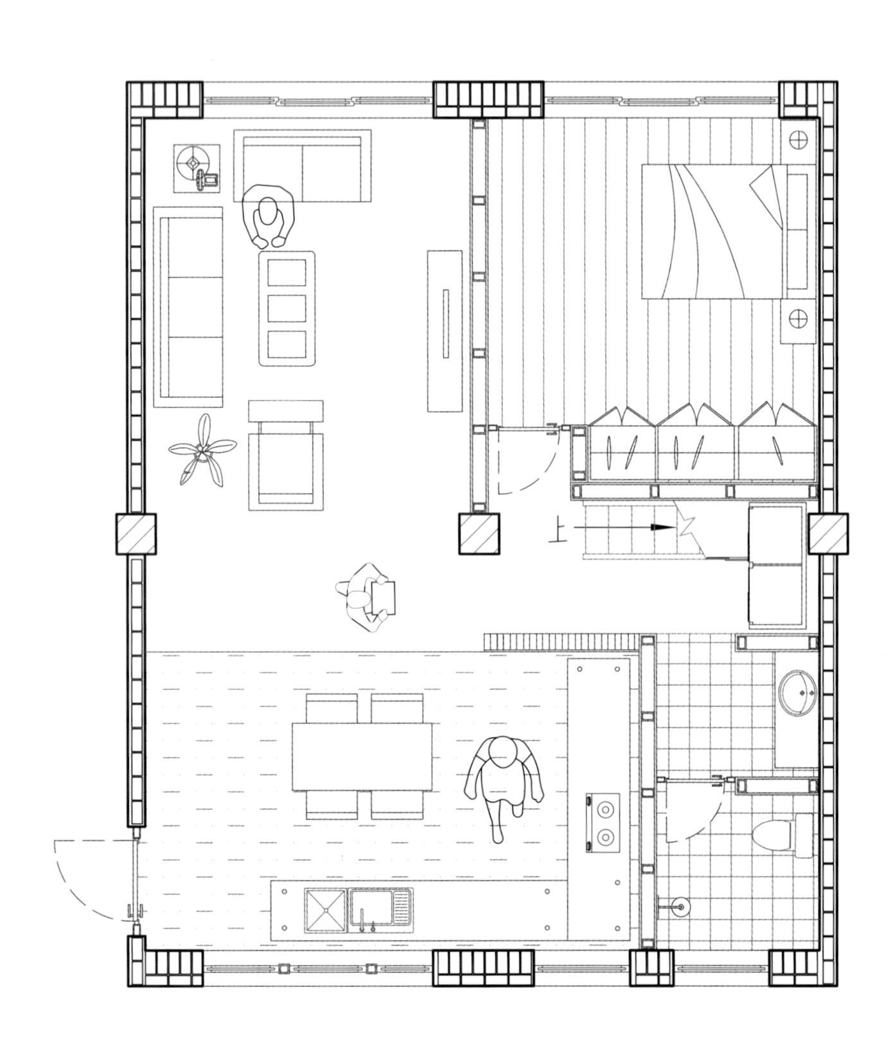

Ⅲ栋平面细化　1：50

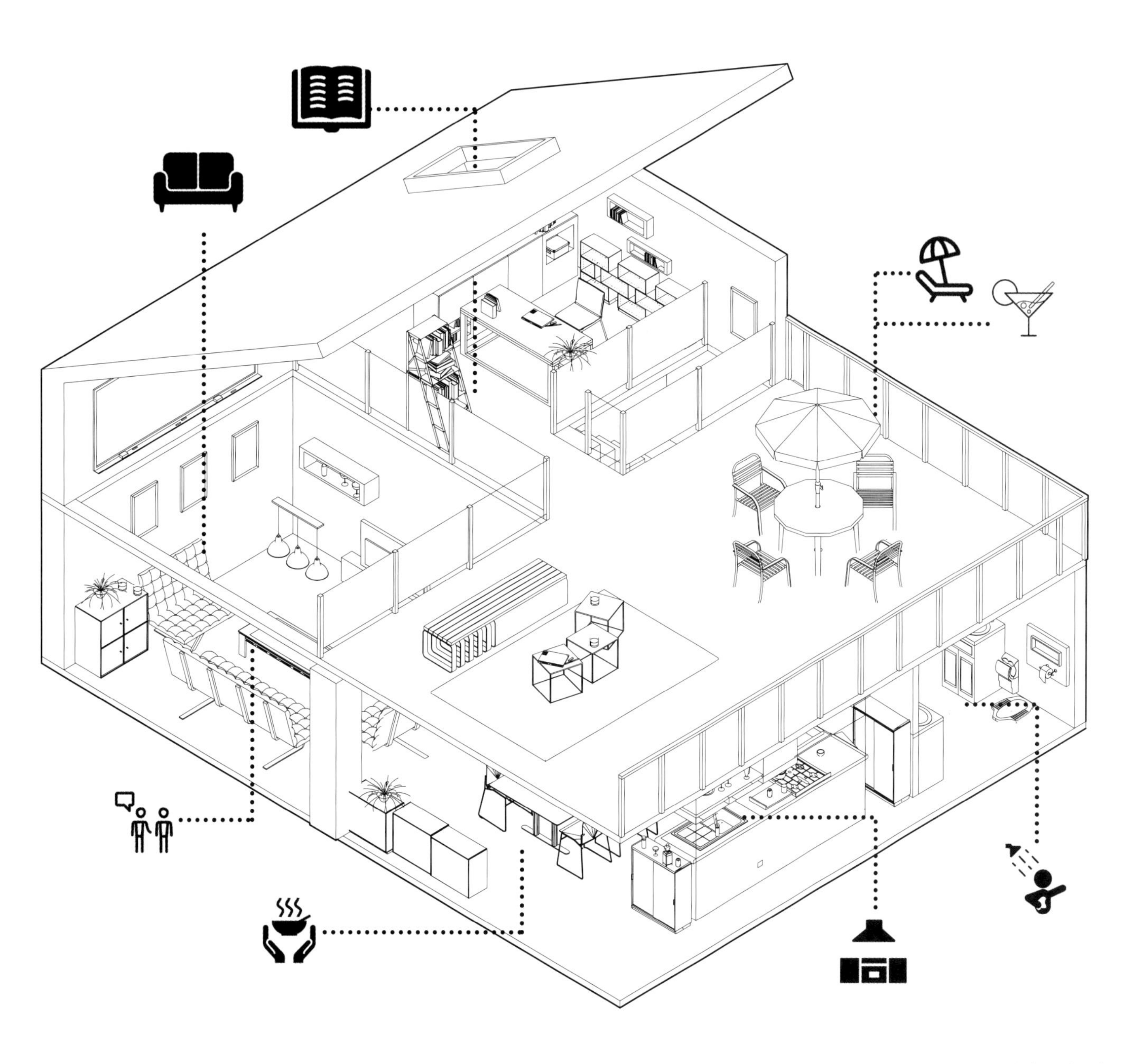

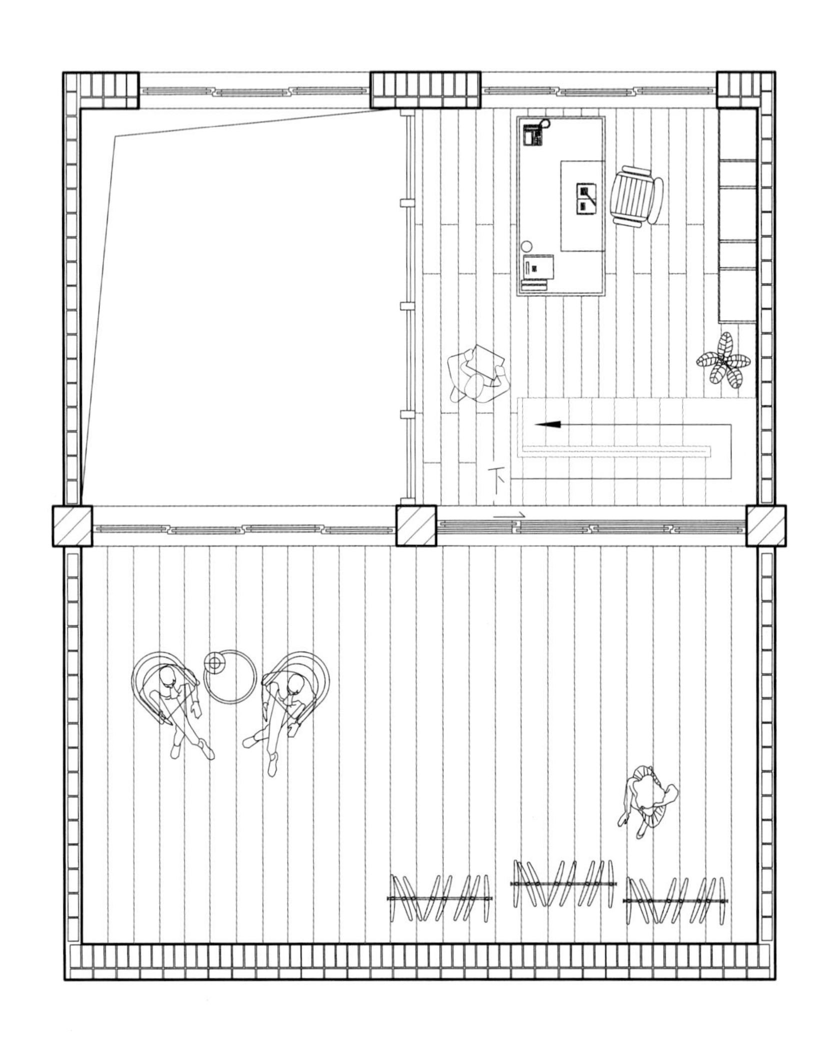

Ⅲ栋平面细化　1:50

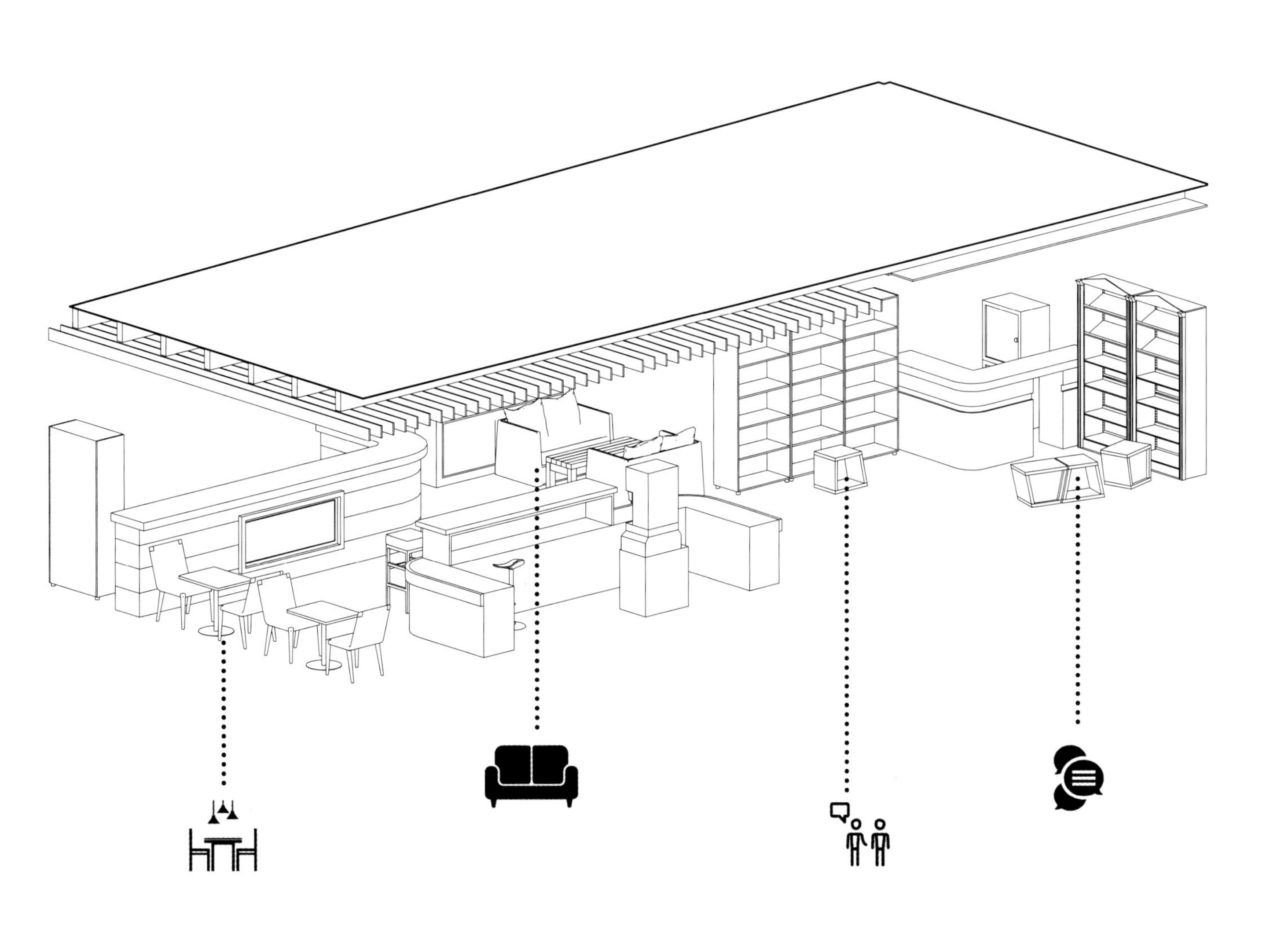

Ⅲ 栋青旅轴测表现

2.1.4 立面修复设计图

2.1.4.1 Ⅰ栋

存在问题	C-3. 门窗形式与材质各不相同，有的不仅将窗框更换为白色塑料窗框，还加上了防盗窗，有的窗仍保持原貌
	C-4. 入口门洞破旧不堪，优美的拱形被掩盖其中
	S-2. 九龙餐厅为私建厨房设的两个烟囱，不但产生巨大噪声，并且油烟堆积在屋顶瓦片上，污染屋顶；其材质和尺度也严重影响立面效果
	W-1. 此处为被污染的屋顶现状
	Q-1. 墙体被多次粉刷和修补，由多种材质拼贴而成，材料交替十分随意，毫无美感
	J-2. 私搭乱建阻碍视线，无法展现建筑立面全貌
应对措施	C-3. 统一门窗形式，选取与立面风格相搭配的木质窗框；使新更换的窗户形式和材质与原始建筑的窗户相同或相似
	C-4. 将门洞优美的拱门结构展现出来，优化入口的立面处理
	S-2. 拆除私自搭建的烟囱，设置无噪声、无污染的排烟口
	W-2. 更换屋顶被污染的瓦片，瓦片选取要与原屋顶保持一致
	Q-1. 立面抹灰保持统一，修复到原来偏黄的混凝土立面
	J-1. 拆除私搭乱建，将九龙餐厅后厨移到室内

2.1.4.2 Ⅱ栋

米饭
订餐电话：15712731977
游艺里沿街立面 C-2
游艺里沿街立面 G-1
游艺里沿街立面 S-1
游艺里沿街立面 C-1

存在问题	C-1. 一层橱窗得不到良好利用，摆放物件杂乱或室内设遮挡物
	C-2. 二层纱窗破旧并积满灰尘，部分住户为防风在纱窗外粘上塑料膜，也有部分住户将原来的红色木质窗框换为白色塑料窗框，使得窗户界面材质不一，凌乱不堪
	S-1. 电线错综盘布在墙体上，落水管与墙体不协调，破坏墙体美观性
	G-1. 广告牌大小不一、形式各异，色彩与材质使用不当，破坏立面整体性
应对措施	C-1. 不改变橱窗开洞大小，对橱窗窗框及室内展品与立面结合进行设计，增加对街道上行人的吸引力
	C-2. 选取与立面风格相搭配的木质窗框；使新更换的窗户形式和材质与原始建筑的窗户相同或相似
	S-1. 拆除私搭乱建，统一布置电线及排水管道
	G-1. 拆除现有广告牌及宣传海报，与门窗、立面材质相协调进行统一设计

Ⅱ栋立面C-5
Ⅱ栋立面Q-2
Ⅱ栋立面L-1
Ⅱ栋立面C-6
Ⅱ栋立面C-7

存在问题	C-5. 窗户长期未打理，破败不堪
	C-6. 一层入口门洞狭长昏暗
	C-7. 地下室入口门扇不符合人体尺度，且用材简陋
	Q-2. 墙体经多次抹灰，缺乏立面整体性
	L-1. 楼梯安全性欠佳，多处损坏，与混凝土楼梯衔接生硬
应对措施	C-5. 统一门窗形式，选取与立面风格相搭配的木质窗框；使新更换的窗户形式和材质与原始建筑的窗户相同或相似
	C-6. 通过立面装饰或者人工采光等方式突出一层入口门洞
	C-7. 重新对门洞进行合理尺度的规划，并安装与其他木门风格统一的门扇
	Q-2. 立面抹灰保持统一，修复到原来偏黄的混凝土立面
	L-1. 保留下半部混凝土楼梯，上半部分木质楼梯拆除重建，使用混凝土楼梯和木栏杆结合的方式

2.1.4.3 Ⅲ栋

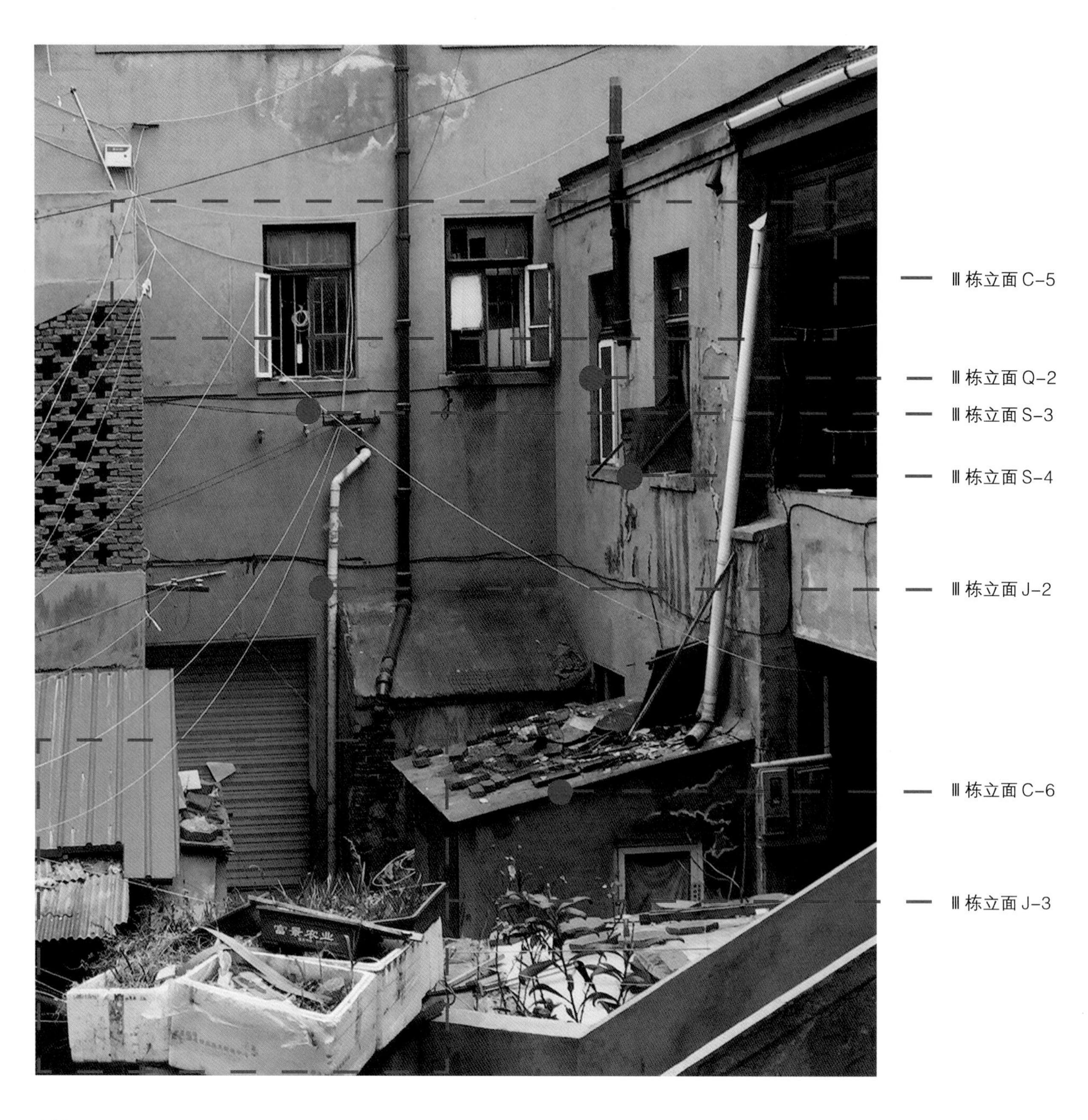
Ⅲ栋立面 C-5
Ⅲ栋立面 Q-2
Ⅲ栋立面 S-3
Ⅲ栋立面 S-4
Ⅲ栋立面 J-2
Ⅲ栋立面 C-6
Ⅲ栋立面 J-3

存在问题	C-5. 根据房间内部所需随意开窗，没有考虑外部立面效果
	C-6. 厂房入口过于简陋，隐藏在私搭乱建之中不易发现，也难以通行
	S-3. 在公共交通空间晾晒衣服，不卫生且不美观
	S-4. 落水管及电线盘布在墙面上，不美观
	Q-2. 墙体有渗水现象
	J-2. 加建的围合楼梯井的墙体遮挡立面，而且使用的花砖堆砌也并不美观
	J-3. 加建遮挡立面，屋顶材料破坏第五立面
应对措施	C-5. 对应窗洞形状进行适合窗洞的拱形开窗设计
	C-6. 由于一层功能将进行改造，此入口应该做适当的突出设计
	S-3. 设置屋顶晾衣台，使得立面上不出现晾衣服的情况
	S-4. 落水管做隐藏处理，电线等集中设置，不在立面上凌乱的出现
	Q-2. 为墙体增加防水材料，里面抹灰应与墙体原本材质一致
	J-2. 拆除楼梯加建墙体，统一抹灰
	J-3. 拆除私搭乱建，展现完整立面

2.1.5 剖面表达

2.1.5.1 Ⅲ栋室内生活内容与空间界面表达

2.1.5.2　Ⅰ、Ⅱ栋休闲场景与空间界面表达

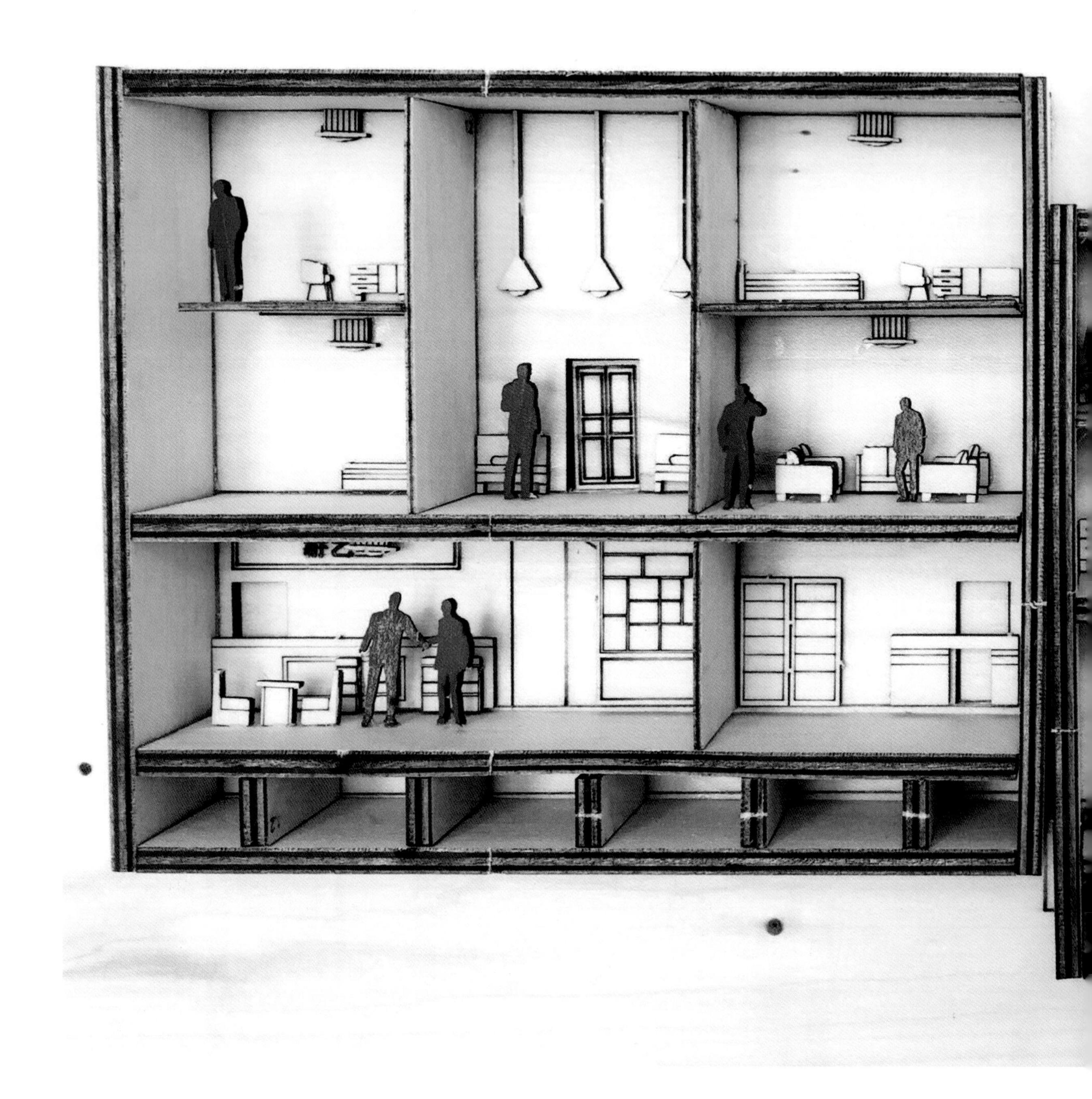

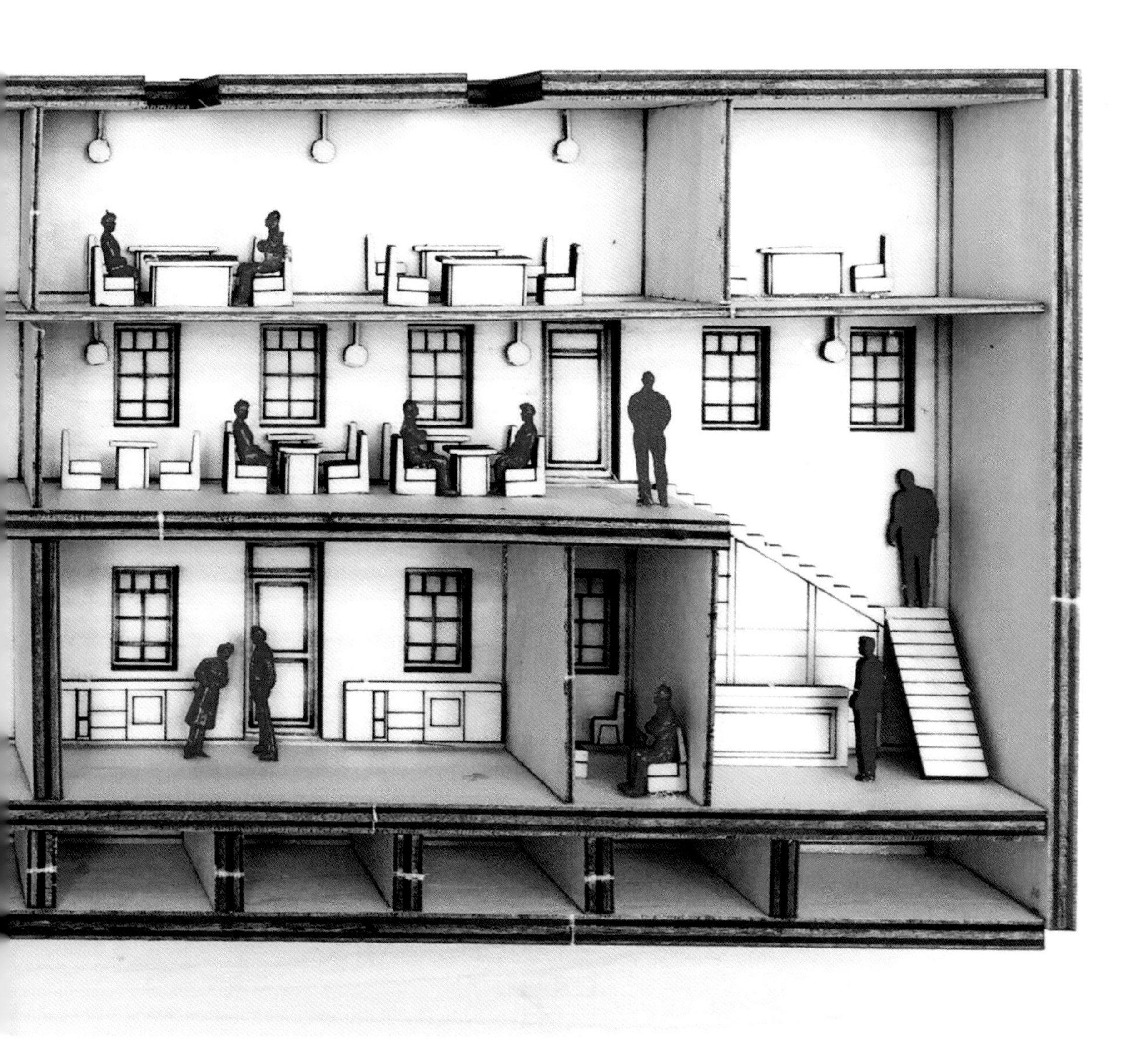

2.1.6 构造与结构修复

2.1.6.1 I 栋屋顶防水通风保温修复

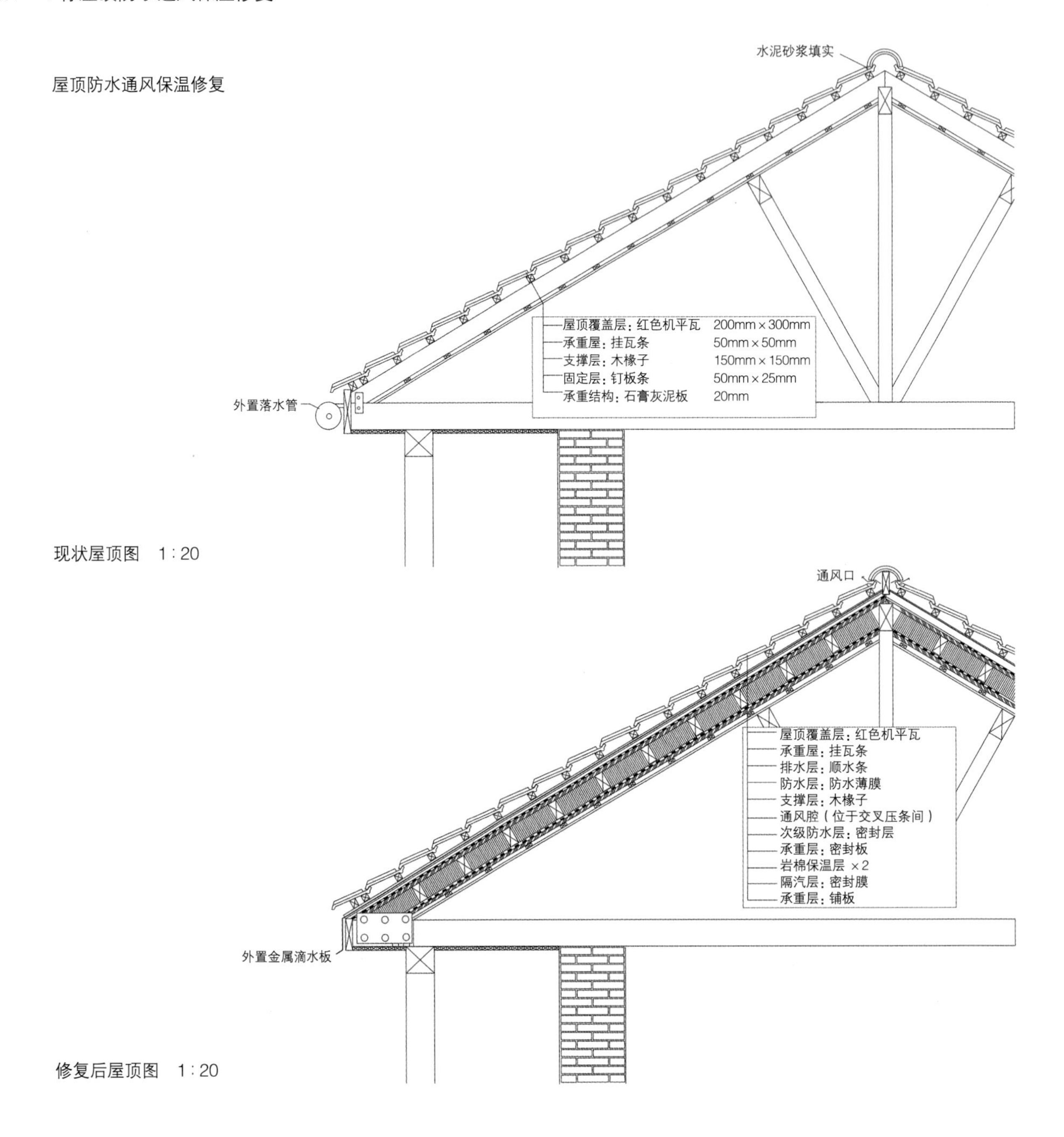

现状屋顶图 1:20

修复后屋顶图 1:20

2.1.6.2　墙体修复

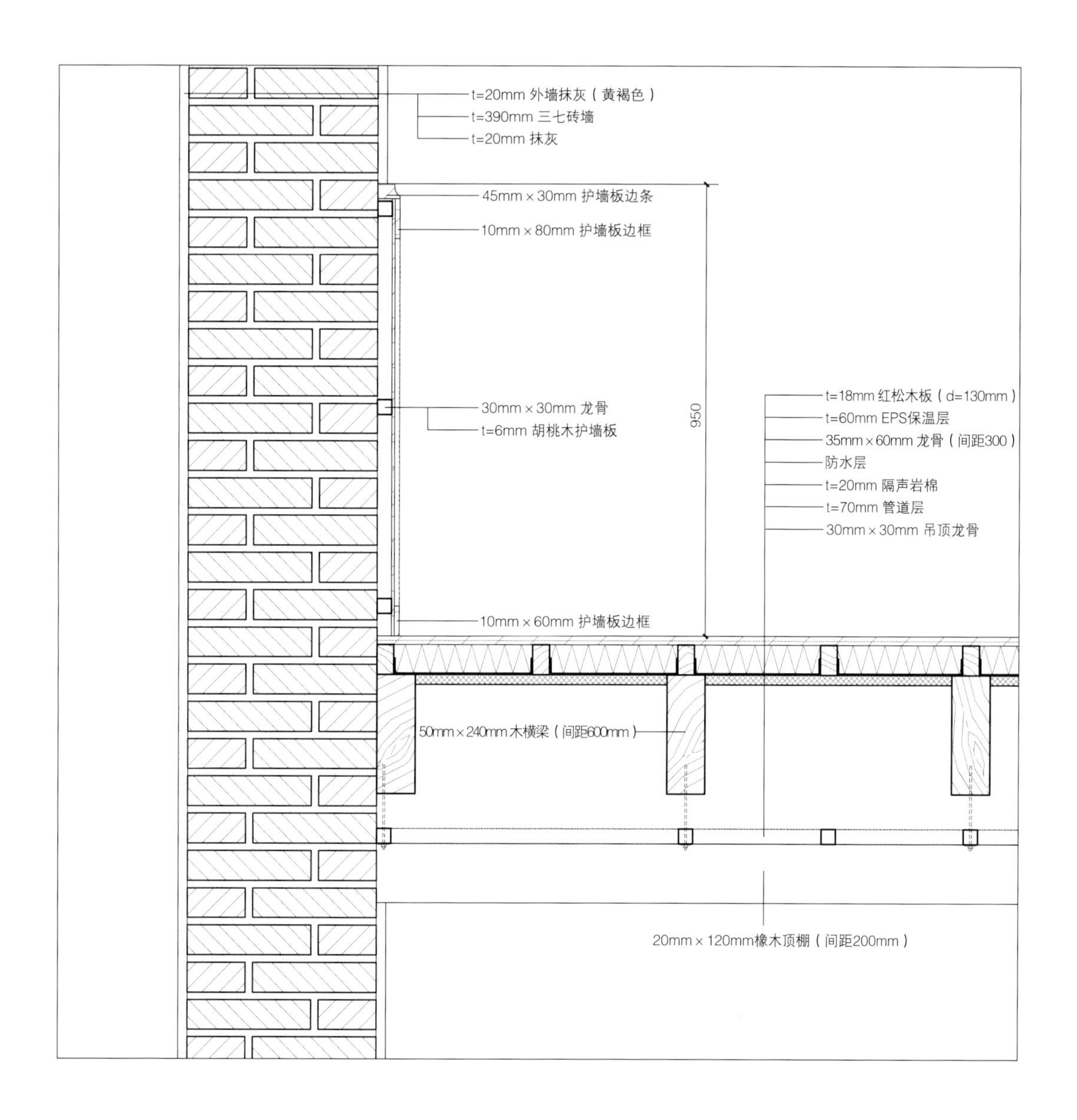
t=20mm 外墙抹灰（黄褐色）
t=390mm 三七砖墙
t=20mm 抹灰
45mm×30mm 护墙板边条
10mm×80mm 护墙板边框
30mm×30mm 龙骨
t=6mm 胡桃木护墙板
950
10mm×60mm 护墙板边框
t=18mm 红松木板（d=130mm）
t=60mm EPS保温层
35mm×60mm 龙骨（间距300）
防水层
t=20mm 隔声岩棉
t=70mm 管道层
30mm×30mm 吊顶龙骨
50mm×240mm 木横梁（间距600mm）
20mm×120mm橡木顶棚（间距200mm）

墙体修复　1∶10

2.1.7 房屋器物点修复更新

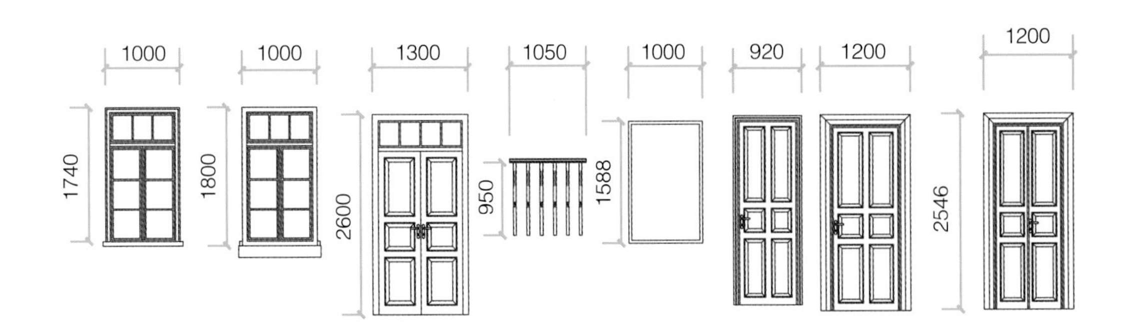

门窗设计　1：70

2.1.8 院落新建构筑物设计

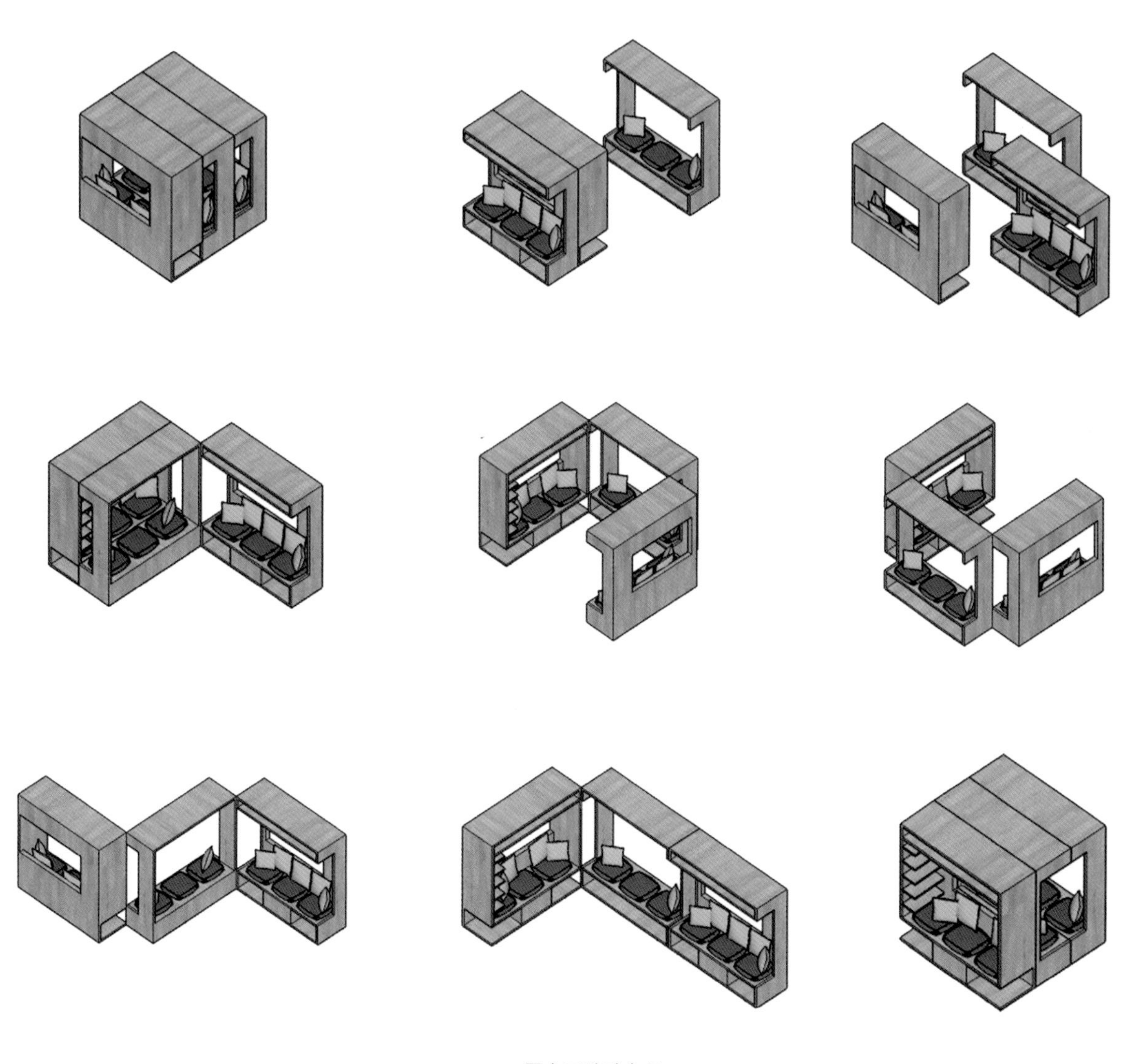

平台可移动家具

2.1.9 设备图

2.1.9.1 给水排水管道设计

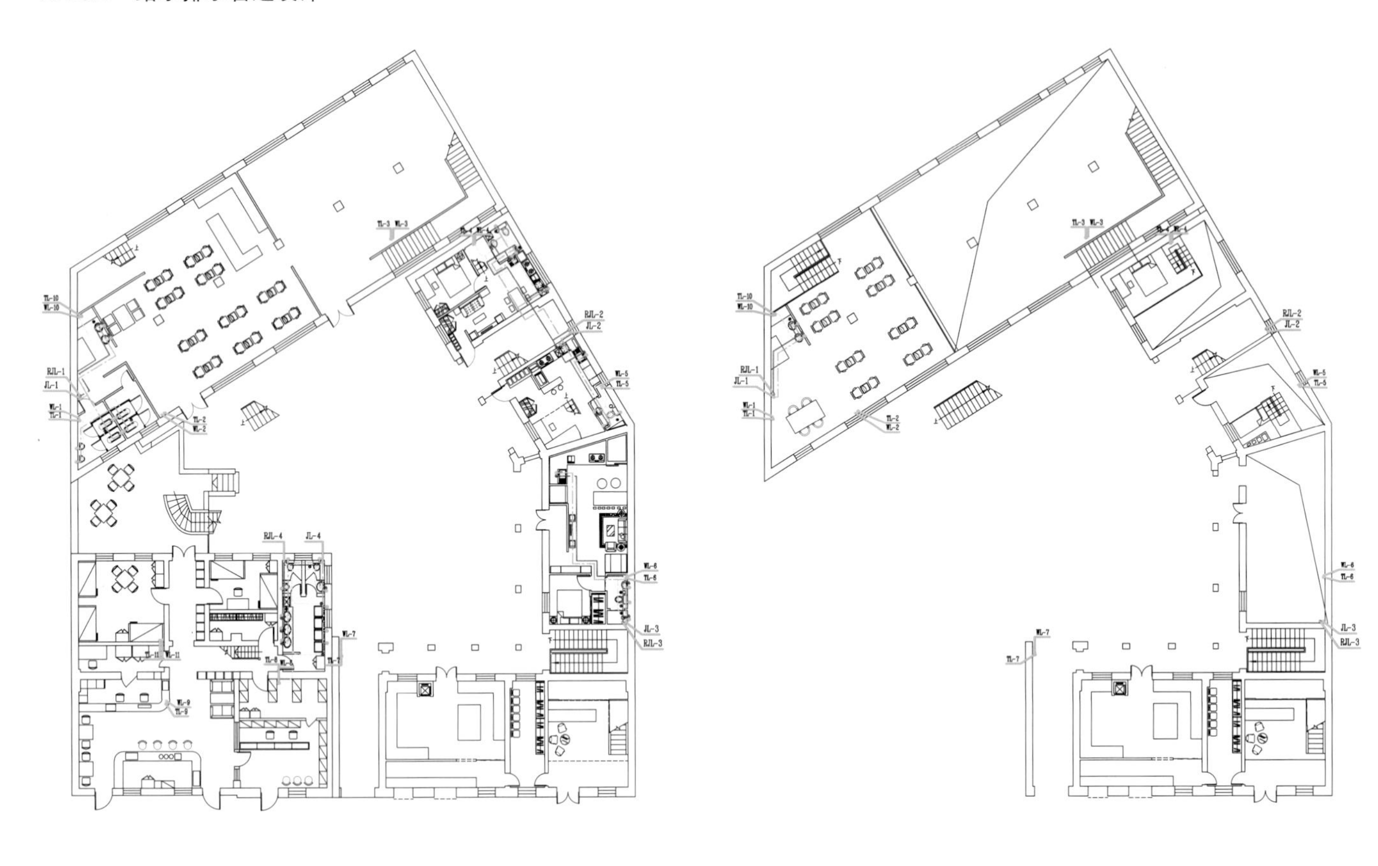

一层及一层夹层 1∶300

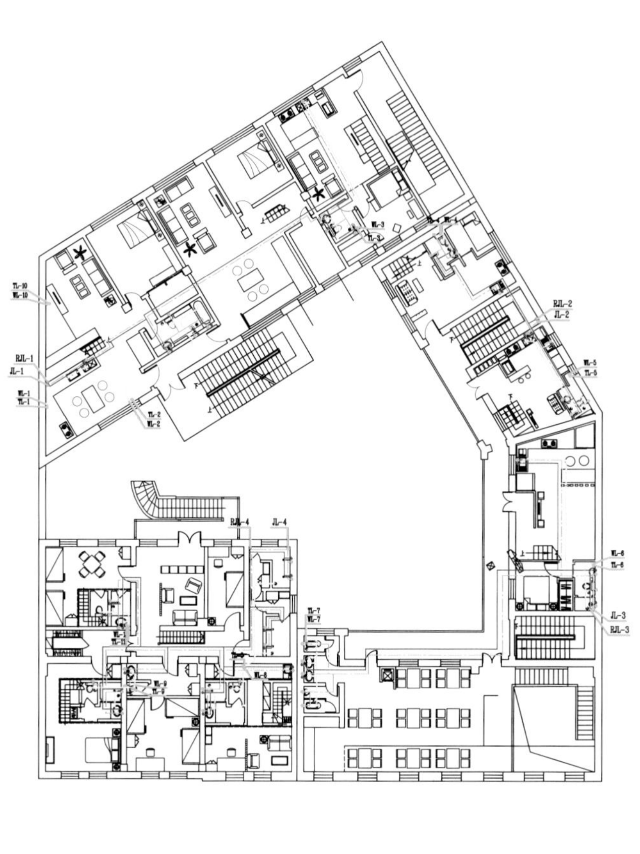

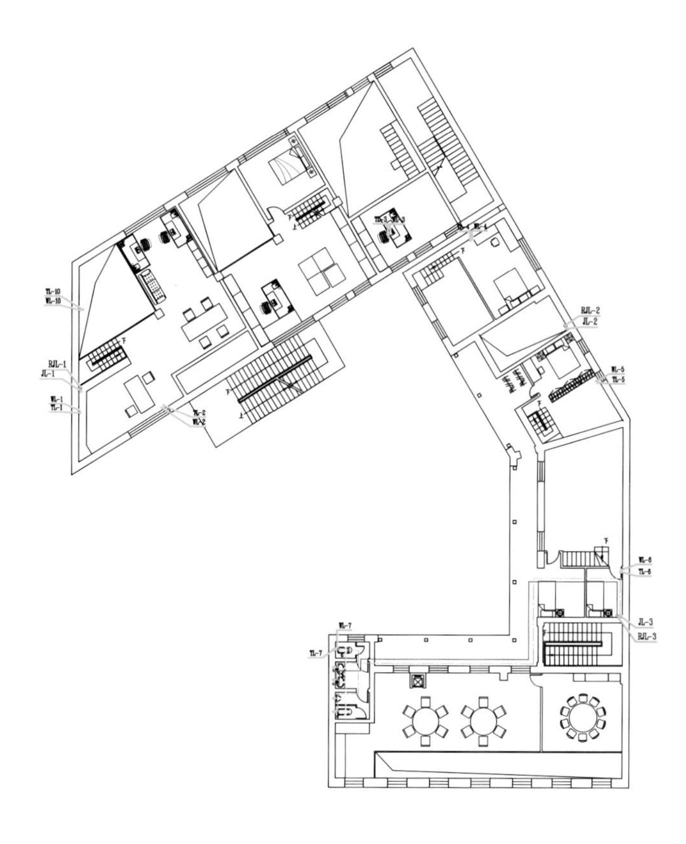

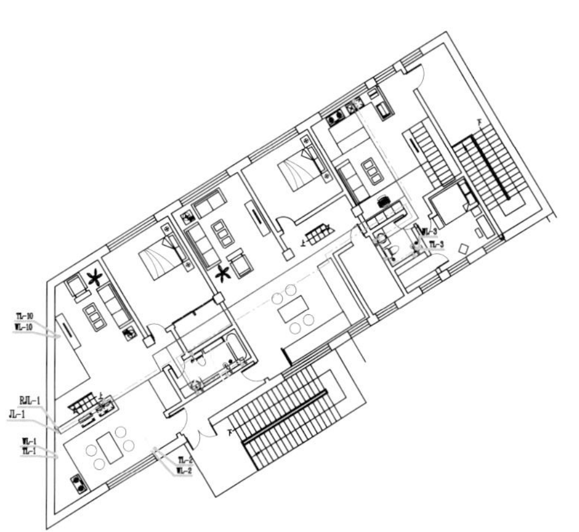

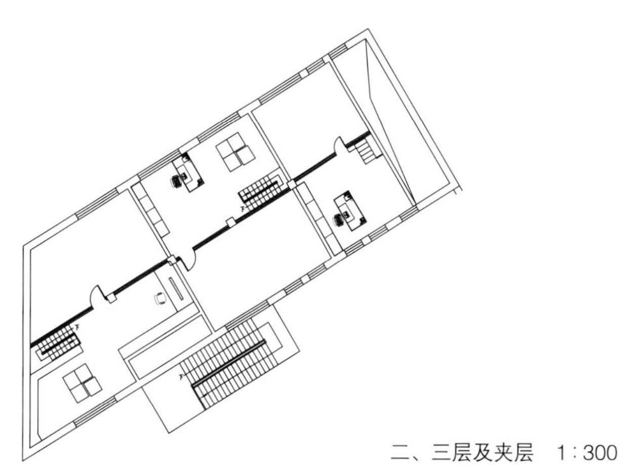

二、三层及夹层　1 : 300

2.1.9.2　暖通管道设计

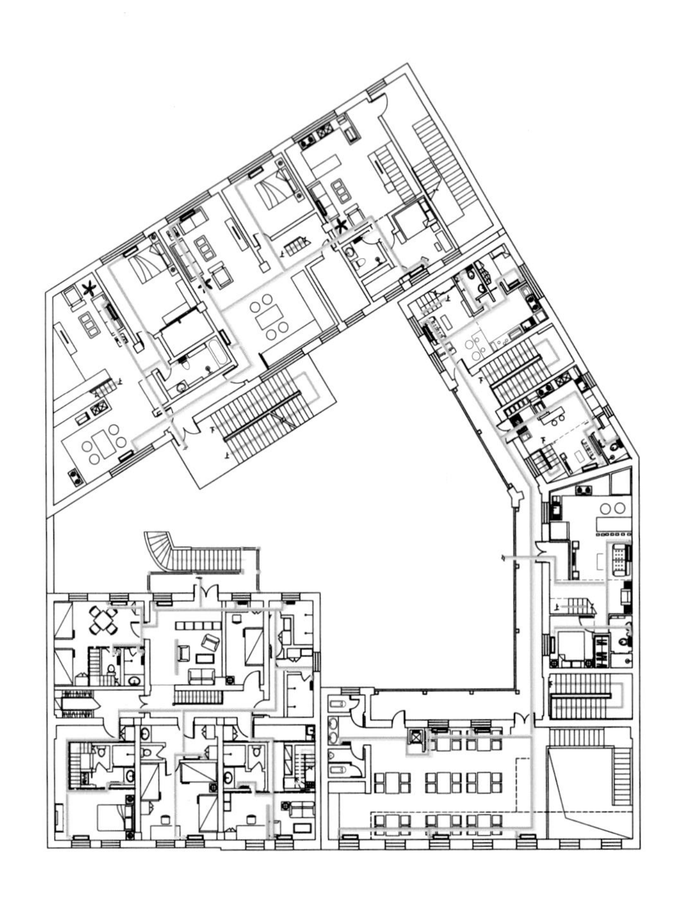

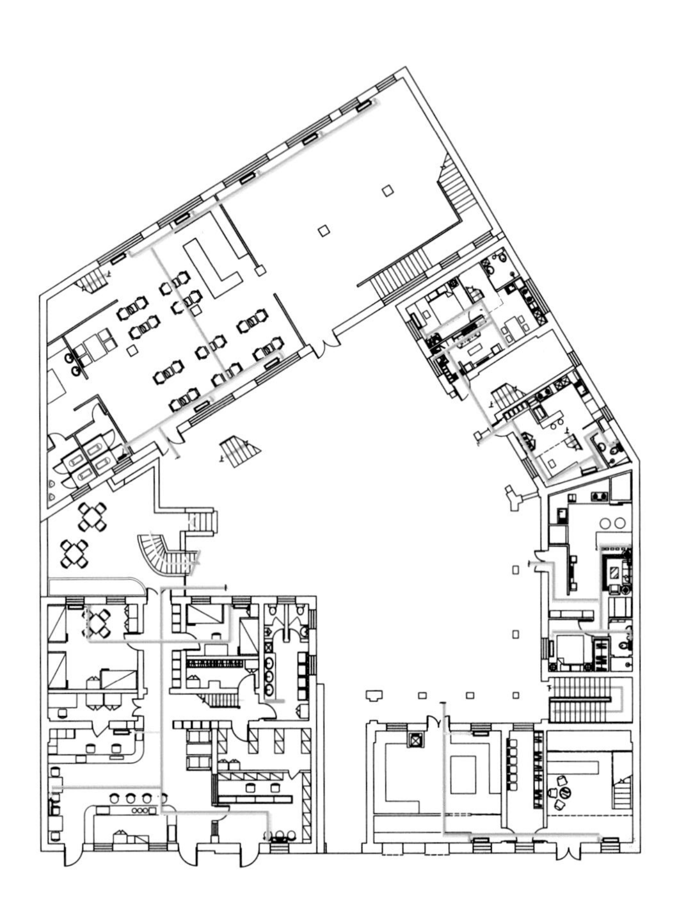

一层及一层夹层　1∶300

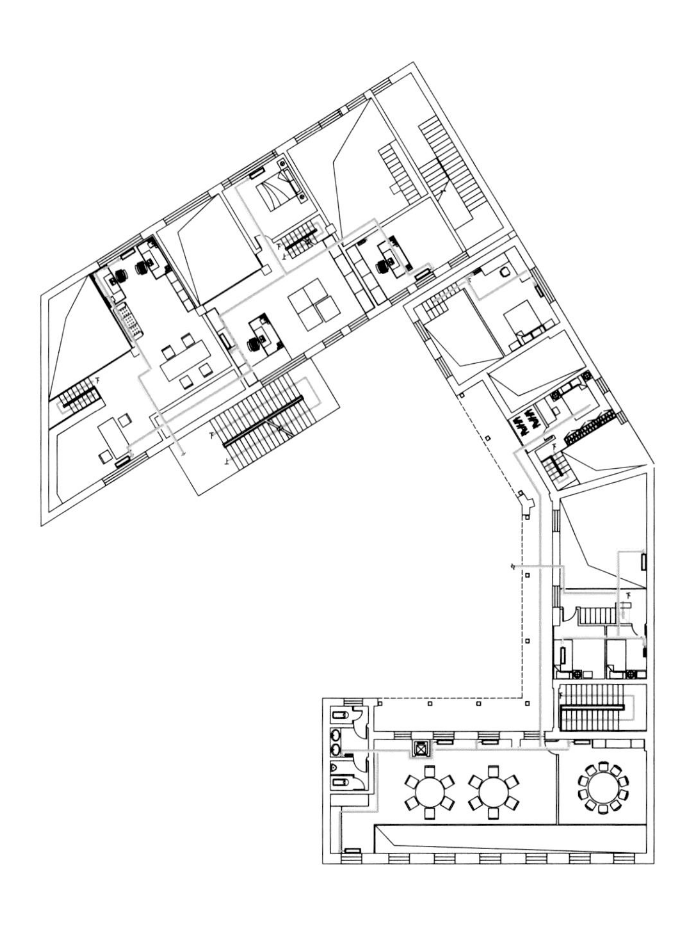

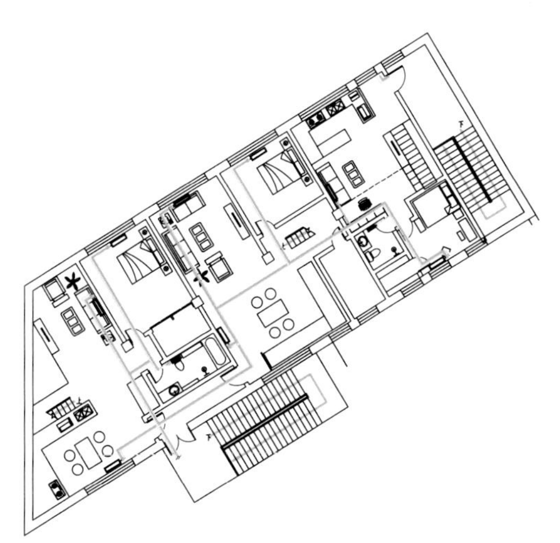

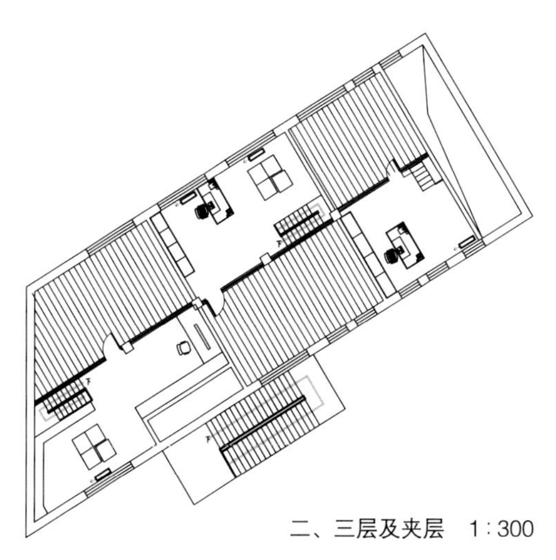

二、三层及夹层　1：300

2.2　方案表现

2.2.1　透视图表现

2.2.1.1　院落表现

I 栋走廊看院落

II 、III 平台看院落

△ 院落门口看院落

Ⅲ 栋楼梯俯瞰院落 ▽

△ Ⅰ栋走廊看院落

Ⅲ栋三楼俯瞰院落 ▽

2.2.1.2　室内空间表现

Ⅱ栋青旅室内场景

游藝裡
YHA

▽ II 栋青旅室内场景

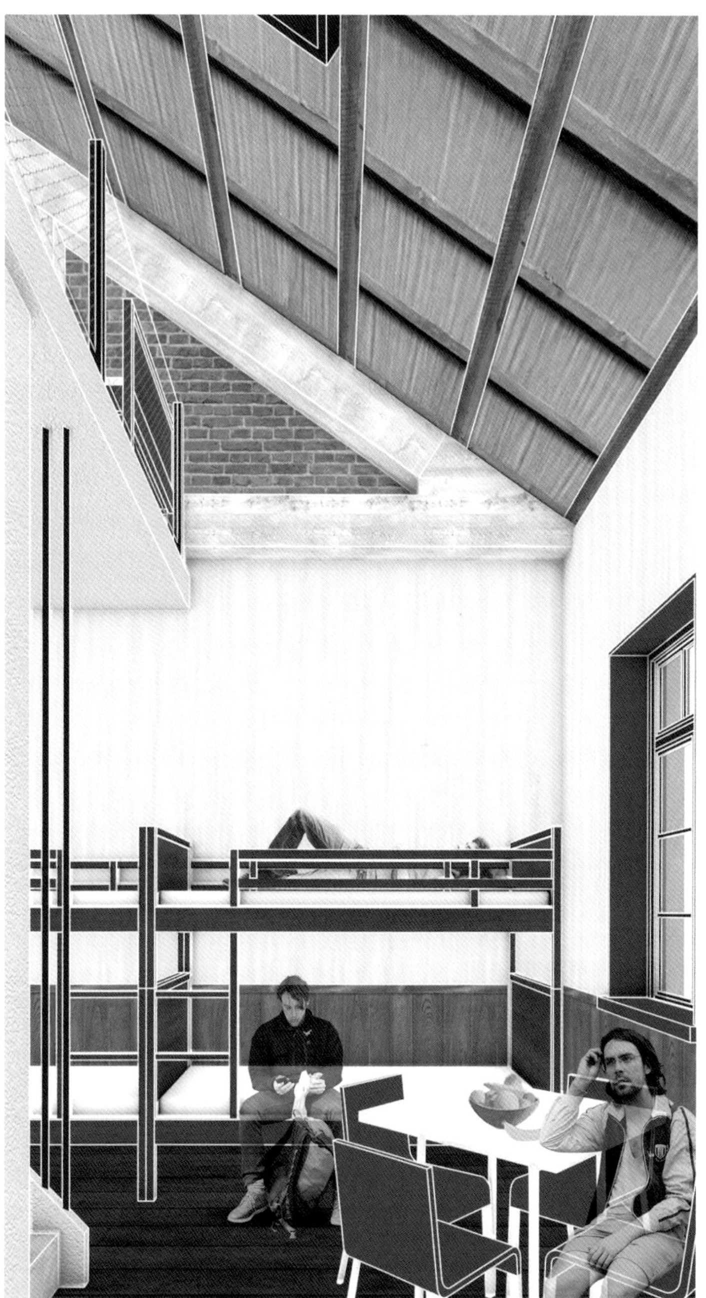

小房子：当空间被限制住时，设计就会更关注人的需求，以求在有限的空间架构内实现最宜居的效果。

“小的美学”，这也许可以概括为对单纯物质追求的节制和对建筑设计及质量，以及对自身感受的重视。

“小”并不是目的，而是在同等支出下，通过缩小居住面积提高居住环境的质量，或者省下钱来干更多有意义的事情。

“小的美学”并不单纯是一种建筑美学，而是一种关于生活方式和精神追求的美学。这样的价值观也许会更加体现设计对于普通人生活的意义。

年轻人选择住小房子，这个想法看起来像是被房价所迫的不得已之选。但实际上，这些追求自由、精致和自我价值的年轻人，即使在经济条件允许的时候，也会选择面积节制的住宅。

因为这样的住宅可以提供更亲切的家庭关系，更方便邀请朋友，同时还能节省下大量金钱去追求自己喜欢的东西。

简而言之，“小”住宅可以提供一种更富有美学的生活方式。

建筑会更小，更精致讲究设计，更关注人的活动与感受，以及精神体验和自我意识，对“精致而合适”的好感也远远大于那些大而不当的设计。

小房子也许提供了一种更高的生活质量，以及一种更自由、灵活、追求实现自我价值的生活方式。

Ⅲ栋住宅室内场景

Ⅱ栋活动中心场景

带有长内廊或者外廊多户的居住公寓，建筑内部交通面积比例的增加提高了公共空间在使用价值上的重要性，每个居住单元因为户间日常活动的频繁发生必然导致私密性的弱化。

里院有一定的轴线：空间形态根据轴线沿进深布置形成序列关系，以及与轴线相伴而生的平面对称关系。

Ⅲ栋住宅室内场景

Ⅰ栋走道居住场景

2.2.1.3 室外屋顶平台

随着时代的发展，城市中的住宅形式也一直处于某种“生长”状态。对于青岛里院这样一种居住形式而言，则是立面的元素格局以及建筑内部的空间关系和体量不断在发生变化。居住虽没有公共建筑那样闪耀，但因为和人们的日常生活关联紧密，其空间特征最直接地见证了建筑师和居住者对于现代生活的理解。属于乔治·贝德尔所说的“历史中那些厚重流淌的部分”。里院住宅区街道边的“上住下店”和“沿街底商”本来就是作为某种“权宜”的布置方法出现的。于是因为用地的关系，社区活动中心不能选址在通常的道路交叉口或者是居住区主要道路旁，而是位于居住组团内部的居民楼之间。这种空间布局上的“内”与服务功能的“外”，对比展示出某种独特而又有趣的社区服务发展方式。这样一来，人群和活动发生频繁的交流活动，并在住区内部衍生出多样的社会文化及商业服务，方便人们的同时，也增加了整个街区的内在黏度。

Ⅲ 栋三楼阳台场景

2.2.1.4　院落鸟瞰

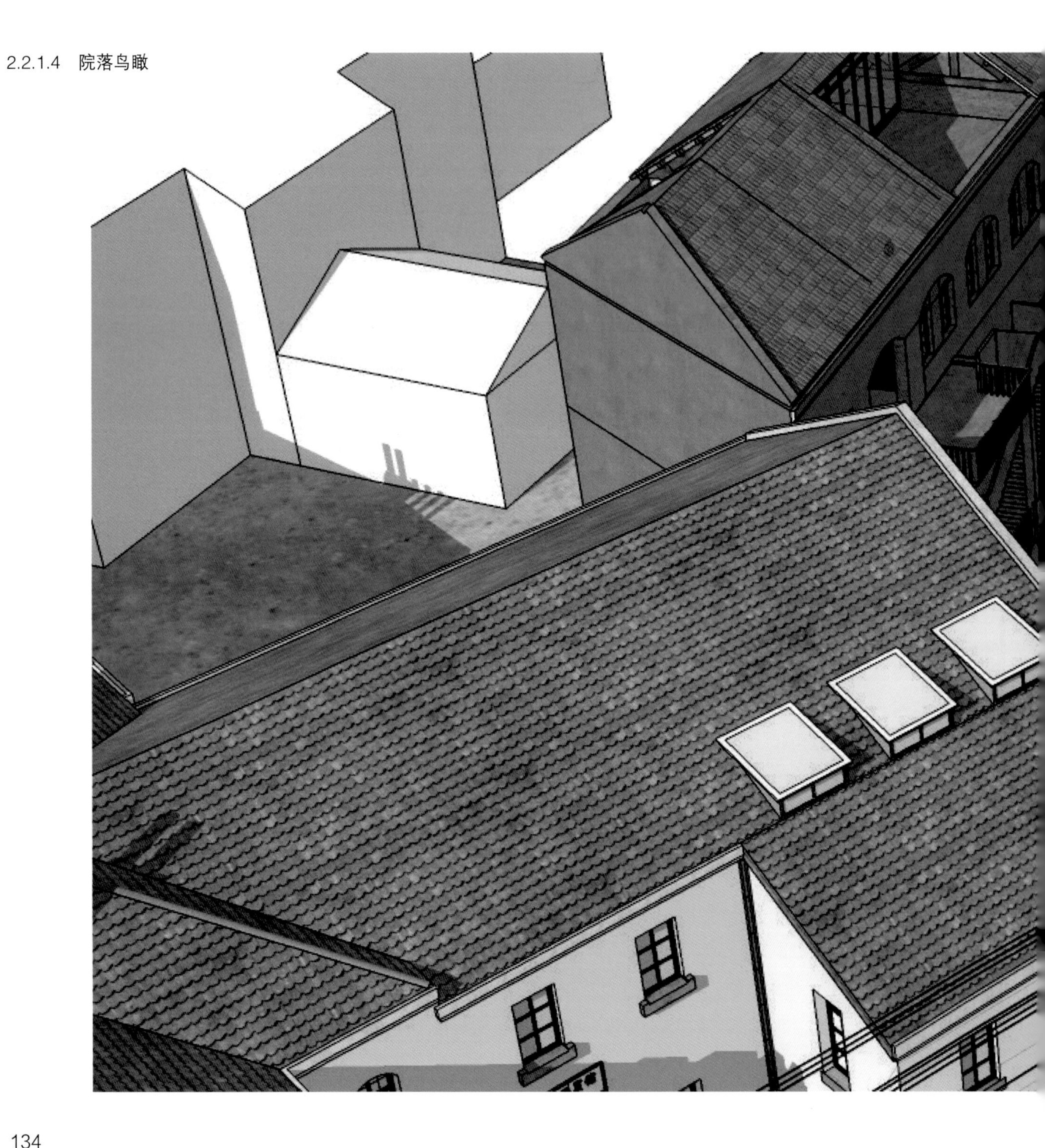

2.2.1.5　街道透视

·大沽路·
N ZHONGSHAN LU S
游藝裡 YHA
游藝裡 YHA

YHA

YHA
青島大東鞋店

2.2.2　模型成果展示

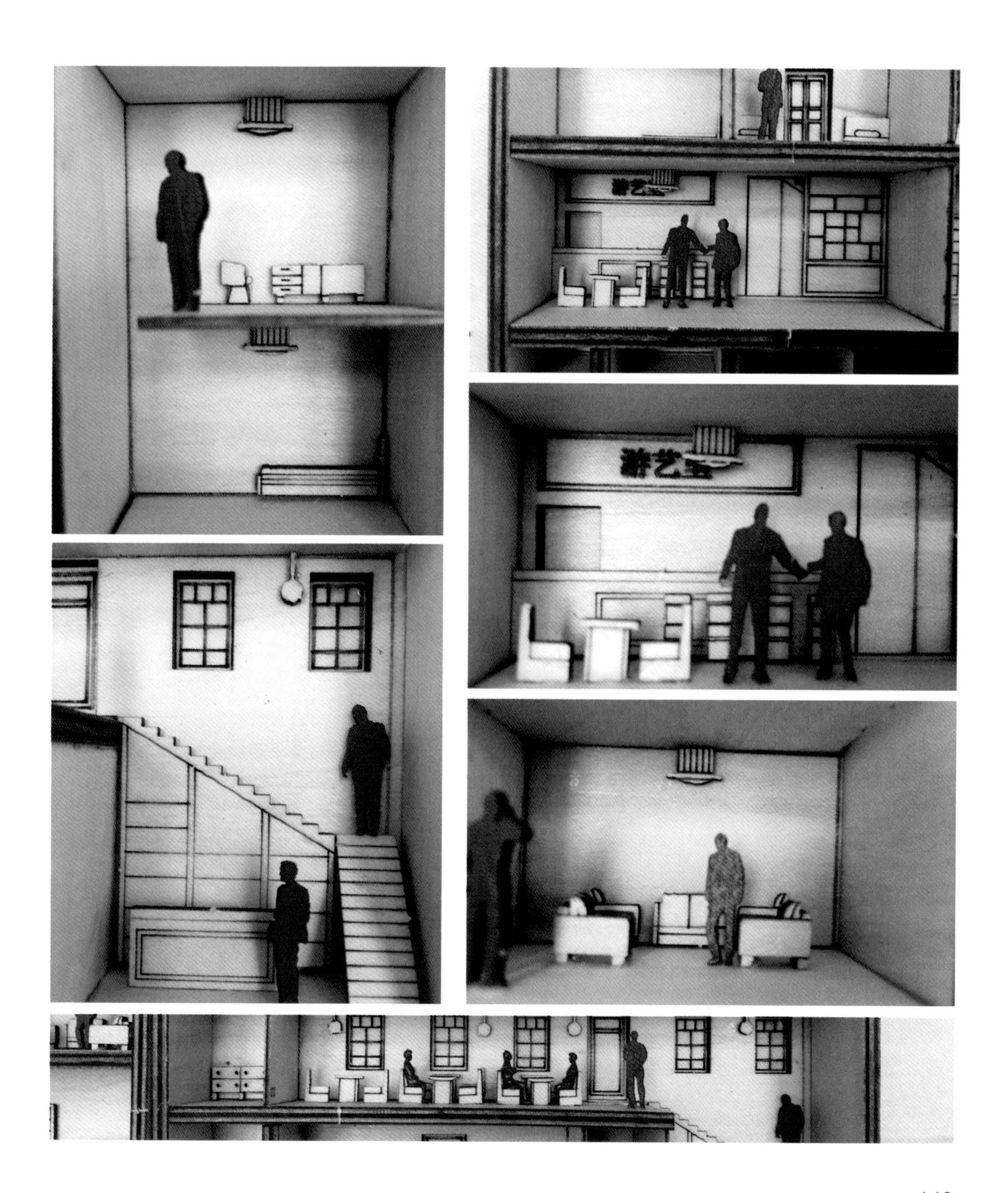
游艺室

这张照片是我们这学期第一次去基地调研时，在寒风中又饿又困、历经辗转拿到房屋院落原始平面图时，三位同学开心的合影留念。